天下文化
BELIEVE IN READING

你想成為什麼樣的人？

哈佛管理大師的人生經營學

Howard's Gift

Uncommon Wisdom to Inspire Your Life's Work

艾瑞克・賽諾威 Eric C. Sinoway
梅瑞爾・梅多 Merrill Meadow——著　連育德——譯

—各界推薦 4
01—把人生當成事業來經營 6
02—借力使力，彈回正軌 36
03—以終為始 58
04—平衡木上的雜耍人生 88
05—衡量價值 116
06—別自欺欺人 144
07—心裡的自己比不上眼中的別人 172

08 — 鏡中的馬賽克 200
09 — 尋找人生催化劑 232
10 — 建立個人專屬董事會 256
11 — 企業文化微積分 278
12 — 打開預測力的探照燈 308
13 — 化敗績為動力 336
14 — 人生但求漣漪 368
— 致謝 376

各界推薦

這本書，每個大一新鮮人都該買，每個畢業生都該讀。不管是對哲學有興趣還是讀醫學預科，無論是未來的律師還是明日的經理人，《你想成為什麼樣的人？》都是一本無價的人生指南，帶領即將入學的新鮮人規劃前景，也引導即將畢業的大四生思考事業前景。——**畢夏普 Don Bishop**｜聖母大學招生與獎學金處處長

本書洋溢智慧哲思，教你我面對人生轉折時如何化險為夷。——**奧茲 Dr. Mehmet Oz**｜美國著名心臟外科醫師

發人深省……讀來令人不忍釋手……可說是MBA版的《最後十四堂星期二的課》。——《財星》雜誌 *Fortune*

文筆優美，論點精闢。不論男女老少，都應拜讀《你想成為什麼樣的人？》！——**羅斯福斯基 Henry Rosovsky**｜哈佛大學藝術與科學院前院長

霍華的智慧、見解與表率，多年來造福無數的哈佛商學院學生與全球各地企業

主，衷心期盼讀者也能從這本書親炙大師風範。

——麥克阿瑟 John McArthur｜哈佛商學院榮譽院長

這是一本兼具理性與感性、智慧與情感的好書，彷彿《最後十四堂星期二的課》遇上《這樣求職才會成功》。《你想成為什麼樣的人？》可謂永恆經典。

——葛洛絲曼 Mindy Grossman｜HSN, Inc. 執行長

看似師徒兩人的閒話家常，但讀畢才發現自己學到滿滿的寶貴知識與建議。

——《出版人週刊》*Publishers Weekly Review*

全書洋溢著工作與人生的可貴見解，一點就通，年輕一輩讀過必可受惠。

——《今日美國報》*USA Today*

對於所有想追求職場幸福感的人，這本書無疑是一個人生大禮。

——蔻普 Wendy Kopp｜「為美國而教」創辦人與執行長

01

把人生當成事業來經營

人生很複雜，
有時甚至是苦澀的，
常常充滿困惑與變數。
創業時，
我們會擬定營運計畫書；
想要活出精采的人生，
難道不該花同樣心力
好好規劃嗎？

人生在世，有智者為伴真好。智者能教導我們釐清眼前挑戰，在生活出現變動時指引我們，並提點我們人生方向。工作或生活上需要做重大決定時，誰不希望生命中有一位有智慧與歷練的人，能為我們指點迷津？

過去幾年，這個世界所歷經數不清的紛擾變動證明，智者的忠告有多重要。

本書的概念剛萌芽時，股市衝到歷史新高，全球各地的景氣春風滿面，每隔一天就有超級富豪誕生，好景氣看似永遠不會有結束的一天。在這樣的氛圍中，大多數還沒致富的人開始思考，說不定自己也能發大財，那麼，該不該用截然不同的方式追求生活與工作？

當然，這是建立在「財富等於成功，成功就會快樂」的假設上。本書最初的構想是希望讀者在經濟繁榮的環境下，思考如何經營快樂又有意義的人生，但世界頓時風雲變色，一夕之間就走了樣。

面臨顛覆時刻

在迅雷不及掩耳的時間內，全球經濟急凍。跟美國經濟實力畫上等號的通用汽車（General Motors）倒閉；貴為華爾街象徵的雷曼兄弟銀行（Lehman Brothers）瓦解，更在全球捲起金融海嘯；平凡百姓如你我，因依賴貸款，不知不覺助長了銀行的貪婪，把美國房貸產業與房市推入深淵。

我們的社會迎頭撞上「轉折點」。

什麼是轉折點？根據英特爾創辦人暨前執行長葛洛夫（Andy Grove）的定義，**轉折點**是一個**徹底顛覆思考與行動的事件**。轉折點通常不是小變動，而是在主動或被動的情況下走到人生叉路，邁向截然不同的方向。

回顧過往十幾年，我們遇到的重大轉折點就有好幾個，經濟與政治紛紛出現跟預期相差十萬八千里的大事件。

不久前，大學畢業生還以為只要追隨微軟、谷歌（Google）、臉書（Facebook）創辦人的腳步，便能在三十歲前躋身億萬富豪之列。投資銀行業在大家眼中是站上世界之巔的保證。在其他年代會成為笑柄的營運模式，竟被稱頌為經營有方。政府對股市只漲不跌信心滿滿，甚至以為只要有工作就能保障一切，一度考慮將社會安全制度（Social Security）民營化。

人心惶惶

從二〇〇七年到現在，我們學到了兩個教訓：一、凡上升者最終必落下；二、明欺暗騙的企業終究沒有好下場。

原本大家還在高談投資股市賺錢，轉眼之間只求落袋為安，保住飯碗就該滿足了，更別說升遷、加薪。有殼一族原本夢想著在房市大豐收，如今只希望自己的房子別淪為法拍屋。大學與研究所畢業生初入社會，面對的竟是冷颼颼的就業市場。即使財產沒有受影響的人，心中也是惶惶不安，大家都在猜是不是還有其他未爆彈。

無論受衝擊的是自己還是他人，在這個難關重重、變動紛擾的時刻，每個人都期望得到智者的指引。這個人要能幫我們釐清人生的渴望與需求，教導我們「成功」的意義為何，在紛亂的年代指引我們方向。

找到理想智者

智者的樣貌各形各色，見解大異其趣。跟美貌一樣，智慧常常是主觀判斷，學到什麼智慧，常常要看你當時有什麼疑惑需要解答。對某些人來說，理想的智者是林肯或德瑞莎修女；對某些人而言，則是股神巴菲特或名嘴歐普拉。

我找到的智者融合了多種形象：他有巴菲特的商業頭腦和史瓦茲（Morrie Schwartz）教授的熱情與精神，史瓦茲教授是艾爾邦（Mitch Albom）所著《最後十四堂星期二的課》（*Tuesdays with Morrie*）裡的主角。他還跟《星際大戰》裡的絕地大師尤達（Yoda）有點神似，機智、武功與歷練樣樣不缺，他不拿光劍，而以犀利如刀的邏輯與精準如劍的見解服人。

他是大學教授，是良師益友，是人生嚮導，陪伴我度過人生中許多艱險又叫人害怕的歷程。他是霍華・史帝文森（Howard Stevenson）。

霍華身兼創業家、作家和慈善家，過去四十年來在哈佛商學院舉足輕重、備受景仰。他商業眼光獨到、洞悉人性，精力充沛又懷抱長期願景，集多項優點於一身。他的人生觀叫人不愛也難，我卻是在差點沒機會再請教他時，才深刻體認到。

他的智慧與歷練協助成千上萬的人度過人生轉折點，許多人在需要做出重大抉擇或遇到挑戰時，都希望請教他。

世界級領袖們的老師

四十年來，霍華教過、輔導過的人有好幾千個，包括：哈佛企管碩士、研究所學生，以及全球各地的企業主。其中不乏世界領袖、大企業執行長，以及具改變世界宏願的創業家。

霍華的學生與朋友不計其數，許多都是相當成功的世界級商界領導人與慈善家，例如：巴西富豪、全球最大啤酒製造商百威英博集團（Anheuser-Busch InBev）創辦人李曼（Jorge Paulo Lemann）、美國生技產業的推手鮑斯（William Bowes）、瑞士醫療設備產業的始祖與慈善家魏斯（Hansjorg Wyss）、氣象頻道（Weather Channel）創辦人拜頓（Frank Batten），以及協助創立英特爾與蘋果的傳奇投資家洛克（Arthur Rock）。

這些站上事業巔峰的風雲人物為何求教於霍華呢？理由跟我一樣，都是希望能從這位滿臉風霜的哈佛商學院教授身上挖寶，親炙他樂於分享和觸動人心的見解、智慧、溫情與務實觀點。透過本書，我想把這位良師益友介紹給各位認識。

。。。

每一本書的誕生都有一個催化劑，讓人不分享不快。對某些作者而言，彷彿天搖地動的時刻；對某些作者而言，有如逐漸出現的曙光，或是腦海中的低語呢喃。對我而言，就像肚子挨了一拳，直想嘔吐。

冬日陽光和煦，我站在麻州劍橋市（Cambridge）哈佛商學院的停車場，聽同事轉述事發經過，我茫然盯著他看。雖然每個字都聽進耳裡，我卻無法消化背後的意思：「霍華教授兩個小時前心臟病發，情況危急。」

六十六歲的霍華是哈佛商學院的傳奇人物，不但是偶像級的老師，更是定義出創業學的第一人。身為成功的企業家，他的財富滾滾而來；身為慈善家與慈善事業顧問，他是第一把交椅；身為企業領導人崇敬的對象，他是良師益友。

霍華被公認為哈佛商學院的創業管理課程之父，他就像我第二個父親。

死亡威脅降臨

我們第一次見面時，我三十幾歲，剛離開上個工作，到哈佛甘迺迪學院（Harvard Kennedy School）讀碩士，他同意為我的獨立研究計畫提供建議。

第一次跟這位臉上掛著頑童般笑容的學者交談，我就有股莫名的好感。他滿頭亂髮、眼神銳利、身體稍微駝背，和他機智、聰慧的內在形成有趣的對比。私底下的他熱情風趣，愛開玩笑，好奇心用不完。我漸漸被他那股獨特氣質深深吸引。

但現在……「嚴重到要做心肺復甦術，有可能撐不過去。」

幾個星期前，醫生才說他身體狀態良好，想不到那天午餐後走在校園時，他突然心臟麻痺，癱瘓在地上。早上明明很正常啊！

聽到這個消息，我一陣慌張，花了幾個小時急電同事，衝到一間間辦公室，想探詢病情進展，卻沒人知道答案。直到幾天後，他的助理芭碧才帶來好消息，霍華已無大礙。不過，他能活命完全是上輩子修來的福氣。在他昏倒地點附近的大樓，剛好有手持式電擊器，有人立刻拿到現場急救，加上離附近一家好醫院只有兩哩路，得以即時搶救。

我朋友席弗曼（Josh Silverman）是名優異的外科醫生與科學家，當晚我遇到他時才知道，心臟麻痺若沒立刻急救，存活率只有一％左右。若不是霍華好運，他可能在校園草坪就一命嗚呼了。

重獲新生

雖然知道霍華會百分之百痊癒，但一想到他仰躺在地上，盯著白雲，納悶是不是會前往自己曾戲稱的「空中頂尖商學院」，我的胃就一陣糾結。

我想到這麼多日子以來，我和霍華說說笑笑、辯論分析，卻一直沒找機會跟他說，他是我的貴人。我還沒謝謝他讓我培養不一樣的思考角度，挑戰我對企業、工作與人生的觀念，還沒謝謝他每次談話帶來的醍醐灌頂。而且……我還沒跟他說，我是多麼愛他。

沒想到，我前去醫院探病時，霍華已是一副精神百倍的模樣，連我問他恢復意識那刻在想什麼，他老兄還給我一個無厘頭的答案，害我爆笑出來。

「這個嘛……我第一個念頭是：可惡！我最愛穿的那件休閒外套在急救時一定被弄髒了！接下來看到身上貼了一堆裝備，我心想：好險去年有送大禮給這家醫院。」

如果再活一次……

聽他還能開玩笑，我放心多了，隱隱然還是希望他能正經回答，於是問：「你躺在地上、知道自己可能死在校園的時候，可想過人生有什麼遺憾嗎？」

「遺憾？你是說早知道午餐就不要吃起司蛋糕，還是說，前一

> 一個人會有遺憾，
> 不是因為現實人生跟預期有落差，
> 就是因為沒積極實踐夢想。

晚在餐廳時，該點高級葡萄酒來喝？」

「我是指真正的遺憾。比方說，如果再活一次，有六十件事我會有不同的做法；或是，如果沒死，我絕對要大刀闊斧改變一番，」我說。

他想了一會兒，回說：「他們說我跌到地上的時候已經不省人事，理論上……根本沒時間遺憾。不過你的問題我懂，我的答案是，我沒有遺憾。」

「復原的這段時間呢？有什麼遺憾嗎？」

「一個也沒有。」

「真的假的？」我問。

「艾瑞克啊，一個人會有遺憾，不是因為他的現實人生跟預期有落差，就是因為他沒積極實踐夢想。」霍華以一貫低沉的聲音說：「我這輩子過的就是我想要的生活，達到超乎自己預期的成就。有幸娶到好老婆，小孩也很孝順，身邊都是要好朋友，對地球上的動物跟人類也貢獻了一點心力。」

「就是說你死而無憾，是個快樂幸福的人囉？」

「死了哪會快樂，但說我這輩子很幸福，沒錯。」他回說：「沒有人敢說自己從沒犯過錯或是沒有缺點，人都得接受這個事實。但哪天我真的走了，確實不會因為曾經做了什麼不該做的事，或有什麼事未完成，而感到遺憾。」

從指導教授到良師益友

離開病房時，我覺得我的情況可能比他還糟，當下也搞不清楚為什麼。他樂觀、正向，有說有笑；我卻消沉、憂慮，陷入迷惘。我想不出個所以然，探病完我沒直接回家，反而開車回到哈佛，一個人在校園走著晃著，待了好幾個小時，沉澱思緒。

記得第一次跟霍華見面是幾年前的事了，他當場丟給我一個習題，要我換個角度思考過去的所作所為，問題直接而發人深省、循循善誘。

漫無目的地走著，夜深了，我才體認到：我雖然慶幸霍華大難不死，也很高興他的人生沒有遺憾，但內心深處卻隱隱作痛，有個念頭揮之不去。突然間，我恍然大悟，原來霍華的意外點醒我一件事：我的人生有很大的遺憾。

霍華病發前那三年，我們每週都會碰面幾小時，有時在他的辦公室，有時在他家，有時是在校園散步。三年的時間不算長，但他在我心目中的地位，已經從指導教授變成良師益友。

我們天南地北什麼都聊，無論是沒水準或正經八百的話題都會討論。我們有時聊音樂、閱讀、旅行，也議論政治與經濟。我們分享家庭生活與哲學，切磋對企業營運策略與職涯發展的觀點，分析教育與經驗的價值，也分享為世界貢獻己力的想法。我們聊如何追求成功人生，如何從失敗中站起，怎麼設定目標，又該怎麼達成。

總歸一句也就是：如何開闢出一條工作與生活的幸福道路，修練霍華所謂的「人生志業」。

重新定義「人生志業」

「人生志業」這個詞常被用在幾個不同的情境，我最常聯想到的畫面是：獻身於目的崇高的活動，比如救助印度貧困百姓的德瑞莎修女，或是致力於海地重建工作的法莫（Paul Farmer）[*1]。除此之外，「人生志業」也能形容沒沒無名的困頓藝術家，或者

＊1　美國著名的慈善家、醫生及人類學家，援助組織「健康夥伴」（Partners in Health）的共同創辦人，致力於第三世界的人道救援與醫療照護工作。

除了聖賢與有識之士，
每個希望在生命中交出一點成績的平凡人，
都能修練人生志業。

是一心想完成夢想的發明家。

在霍華的定義裡，那些修練人生志業的人，除了聖賢與有識之士，還涵蓋每個希望在生命中交出一點成績的平凡人，包括：會計師、工程人員、老師、網頁設計者、律師、社工，或是企業主、非營利機構主管。

他所說的人生志業，也適用於你我。

對霍華來說，人生志業是把一個人無形的心血、情愛、希望和有形的需求與渴望整體視之，而不把這些互相依存的人性特質硬劃分成「工作」、「家庭」、「其他」等層面來看。

跟霍華談天說地這麼久，我的人生志業在不知不覺中，感染了他的構想和明智的建議，我卻沒認真思考究竟從他身上挖到什麼寶。我在哈佛遇到的聰明人不少，說有些人是天才也不為過，但霍華不一樣，聰明之外還充滿了智慧。

我終於找到跟霍華聊完天後，腦袋還轉個不停的原因。原來，他的智慧有如涓滴細流，灌輸到我的腦海中。我從沒遇過像這樣的人。

探病那晚，開車返家途中，我除了覺得遺憾，心中還惦念著一件事。在獲知霍華死裡逃生的那一刻，我下意識做了個決定，直到此時才愈來愈明朗：我希望把霍華信手拈來的智慧整理出來跟大家分享，讓無緣向他直接學習的人也能受益。

於是，隔幾天我再去探病時，跟他報告我已經幫他挑好下一個工作事項，「等你身上大大小小的管子都拔掉後，我們來合寫一本書。你只要負責動嘴巴說，我來動筆寫，就當作是你的下一本著作。」

「你是當真的嗎？」他露出苦笑，問我。

寫書計畫成形

我向他解釋說，過去幾十年來，不管是他自己所學，還是從學生的事業與生活上得到的體悟，加上他歷練豐富，很值得寫下來。「我想把我們討論過的好想法寫成文字，讓每個人都能跟我過去這幾年一樣，有機會向你學習。」

他想了片刻，說：「寫書是不錯，但做法應該轉變一下，不要我說你抄。要我聊聊我很樂意，但你也要說說話才對。」

「我能說什麼？」我問。

「我希望你也能貢獻自己的觀點，把你的經驗放進來。我願意幫忙，要我負責大部分的內容也可以，但這本書應該掛你的名。」

「怎麼說？」

「其實可以找出好幾個理由，」他逐一說明，就像平常在做決策時一樣條理分明。

「首先，我掛名的著作已經夠多了，」霍華寫過兩百篇案例研究、文章，也出版過幾本書。

「第二點，要把我說話的內容集結成書固然不錯，但如果你能用自己的話表達，我才知道你有沒有融會貫通。

非典型職涯

「第三點，聊天時我不是只說話，也在傾聽，從你身上學習，你也有好玩的故事可以分享。來辦公室找過我的天之驕子成千上萬，看過這麼多人，我知道你的人生觀跟同年齡的人不一樣，你不走傳統路線的職涯。而且，你的人生經驗還真是有創意。我覺得你會有一些新鮮有用的想法值得分享。」

我聽了不禁大笑，用「創意、新鮮、有用」形容我的職涯發展，實在太看得起我，因為我選工作時完全不按牌理出牌。

決定要從事哪一行時我都有充分的理由，但外人拿我的履歷一看，會覺得這個人可能有點精神分裂。

康乃爾大學飯店管理學院畢業後，在餐旅業做過幾份工作；在企業界打滾過幾年；成立並推廣全國社區教育方案；擁有兩、三家加盟企業；讀完哈佛研究所後，就幫哈佛對外籌資；現在則經營一家協助企業媒合結盟的公司，客戶有全球頂尖品牌，也有創新企業。

做創業家會做的事

「第四點，你跟我一樣，打從心底就是個創業家。我們都知道怎麼把握機會，不被現有資源所限。我們都不喜歡走前人的路，喜歡抽取有用的要素，舊瓶新裝，創造更新、更好、更有效、更有趣的東西，」他說。

「霍華二・〇版嗎？」我開他玩笑。

「不錯喔，連外型也煥然一新，」他邊笑邊說：「工作上我是真的有兩把刷子，也曾幫助許多人飛黃騰達。如果以商業語言來比喻，說我就像加盟品牌也行得通。但是，我並不完美。」

「但你有大智慧，我只有小聰明。」

他笑了笑說：「真正有智慧的人都知道，智慧是無法獨占的。所以說，根據剛才幾個理由，我們應該多聊、多聽彼此的觀點，然後由你這個小聰明來負責執筆。」

雖然他這麼建議，我還是沒被說服，不過念在他才從心臟病復原，如果還跟他爭執，我就太罪過了。「算你聰明！」他說：「而且如果你寫得不錯，說不定我會買幾本送人，我家七個小孩、十幾個孫子，還有一些學生，人人有獎。」

。　。　。

我記得十五歲的時候，有次跟一位很好的朋友在地下室玩乒乓球。球一來一往，我們聊到一件事，現在回想起來，對兩個紐澤西州的鄉下小孩來說，還真是有深度。

我和維克朗（Vikram）上幼稚園第一天便認識，他就住我家附近。週末一起打桌球，是我們的例行公事。那個星期六下午，球局打到賽末點，他正要發球，突然問我怕不怕長大後沒有出人頭地。

一個十五歲的毛頭小子問這種問題有點古怪，但對維克朗來說很正常，因為他比同齡小孩早熟，從小，他的舉止心態就跟三十五歲的成人沒兩樣。他父母是印度移民，難怪他有副好頭腦。

成功不見得快樂

現在回想起來，他小時候就是不折不扣的創業家了，隨時隨地都在發明東西，不僅是科學競賽的常勝軍，也是大人眼中的天才兒童。那天下午，他顯然在思考未來的出路。

我回答說：「我其實不擔心能不能出人頭地，上天自有安排。我在意的是快不快樂。」

維克朗想了一下，點點頭，一記球朝我殺過來，我伸長手去接，球恰恰好從球拍邊緣飛過。他笑了笑說：「如果你『成功地』把桌球打這麼爛還覺得快樂，你這輩子就注定只有這樣了。」

會想起這段對話，是因為十五歲的我偶然冒出「成功不見得代表快樂」的念頭，這與霍華和學生、同事、朋友分享的心得不謀而合。長大後我見識多了，經驗廣了，更加相信這番道理。

重新找回幸福感

因為工作的關係，有將近四年的時間，我代表哈佛大學到全世界各地募款，有幸認識了一些地位顯赫的慈善家。我因此得以跟社會精英有第一手接觸，他們有的是大學教授、院長、校長；有的是企業執行長，以及各領域的創業家；有的是樂壇和百老匯的知名製作人與才子才女。

我共事過的大人物，包括：《財星》五百大企業的管理階層、叱吒風雲的飯店創業家，以及敢於與眾不同的科技富豪兼職業球隊老闆。如今我是一家公司總裁，服務客戶讓我有機會與全球各地的頂尖人物合作。

這些人當中，有許多人不僅成功也很快樂，但拚到事業高點，卻覺得生活不美滿的人更多。他們如果與霍華一樣面臨瀕死的時刻，大概無法問心無愧地說：此生無憾。

不論從事哪種產業，來自哪個國家，我屢屢發現：不管社會地位高低、事業野心大小、出身背景優劣、銀行存款多寡，或個人處境好壞，我們所追求的目標都大同小異，也就是事業成功，人生幸福。

我認識的人當中，就屬霍華做得最好。我希望藉這本書跟各位分享他的幸福祕訣，幫助各位在職場找到幸福感，奠定美滿人生的重要根基。如果工作得不開心，美滿人生談何容易。

標準自在人心

霍華是德高望重的商學院教授，各位可能因而以為這是一本商管書。但本書不只如此，重點擺在你我的人生，也就是把人生當成事業來經營。我將霍華的經驗與智慧濃縮成追求工作幸福感的實用法則，把這些法則融會貫通，加以實踐，這個持續不斷的過程可稱為「人生志業的營運規劃」。

我不用「成功」來形容人生目標，刻意選擇「幸福感」（satisfaction）這個詞。一般而言，大家常自動用財富、教育或地位來衡量成功，而且有許多成功標準都需要跟他人比較，但幸福感不同，它涵蓋的範圍超越了財富與地位。

幸福的衡量標準雖然可能不脫薪資、頭銜與教育水準，但標準卻是自在人心。幸不幸福，由我們自己定義。

運用框架釐清目標

不過，書中無法提供按部就班就能做到的藍圖。因為每個人對幸福的定義都不一樣，同一張藍圖自然無法套用在每個人身上。幸福是什麼，很多人甚至自己都不清楚，更別說要照表實踐了。

「大多數人在尋求滿意的事業時，碰到的第一個障礙便是，直覺認定別人能、我也能，」霍華在我們剛認識時曾聊到。

「正因為期待與現實出現落差，才會有錯誤的起步、工作不如意、面臨職涯危機等問題，進而波及個人生活，」霍華解釋。

因此，這本書不給特定的道路，而是提供明確的框架，教導各位用不同角度看待職涯，比制定周詳的行動計畫更重要。

打造夢想工作與生活

這個框架建立在霍華的經驗上，他四十年來研究、教育、輔導過許多企業領導人，組織類型包羅萬象，從新創公司到大集團、從學校到非營利機構都有。

霍華曾說：「我喜歡教創業，因為可以看到大家對公司、產品、新方法取之不盡、用之不竭的概念跟計畫。每個概念雖然不一樣，久了還是看得出固定模式。好計畫都有某些共通點，因為企業創辦人的好想法都建立在好框架上。」

正如幾十年來他評估企業所觀察到的成功框架，本書提出的架構也適用於各行各業的人，做為經營職場、追逐夢想與實踐目標的大方針。霍華的觀點將幫助你找到屬於自己的成功定義，也可當作打造夢想中工作與生活的「思考工具」。

不管職涯發展到哪個階段，都應該持續經營人生志業。

你可能是大學生，正考慮要去哪家公司實習，才有助於以後要走的路；你可能是二十幾歲的上班族，剛有晉升機會，想花個幾天思考新職務究竟合不合適；你可能是三十五歲的會計經理，正在考慮要讀ＭＢＡ還是去上鋼琴課；你可能已經工作到五十五歲，突然有機會提早退休，開創事業的第二春。不管年紀大小，人生走到哪個階段，都適合看這本書。

成功需要審慎規劃

誰最能因本書受益？那些刻苦耐勞、希望在職場化被動為主動的聰明人；想以創業精神來經營人生，打造理想生活與工作的人；希望日後回顧一生，也跟霍華一樣沒有缺憾的人，這本書值得你參考。

書中所提的問題都不容易回答，不適合想讀一晚就學到事業成功術的人。若能讀完一章先停下來思考裡頭的概念和問題，會有更大的收穫。

人生很複雜，有時甚至是苦澀的，常常充滿困惑與變數。創業時，我們會擬定營運計畫書；想要活出精采的人生，難道不該花同樣心力來好好規劃嗎？說是營運計畫書，確實不為過，因為經營人生就是一門事業。

。。。

在此，請容我簡短說明本書提到的對話、時間以及人名。

本書濃縮了我跟霍華六年多來幾百個小時的對話內容。在霍華病發前幾年，我們就聊了很多次，有時是在校園散步，有時是在他辦公室或家裡，有時是一起用餐。決定由我執筆後，我開始錄下兩人的聊天內容。在寫書過程中，我們也持續交流。

跟霍華聊天，我從他身上吸收到的想法和智慧，多到可以寫成好幾冊。本書所節錄的對話，是經過精選、整合、潤飾過的版本，以傳達最核心的智慧，讓各位讀者得到最大的收穫。

章節安排方面，我刻意讓觀念自然呈現。希望各位能以這些觀念為根本，持續思考，採取行動，修練人生志業。書中事件並非依章節順序發生，在此特別提醒。

除了分享霍華的智慧與我的職場心得之外，我還訪談了許多傑出人士，將他們的故事摘選在各章後半段。因為有些情況比較敏感，照實寫出可能會影響當事人或周遭的人，這些故事有的採用真名，有的則用化名，稍加修改細節或將幾個人的類似經驗化零為整。

最後，我想提醒各位，本書字字句句都由霍華讀過、想過。每章最後的故事，也經過當事人讀完核准後才納入。

人生實踐家

普斯蒙特

普斯蒙特（Kirk Posmantur）是我認識多年的良師益友兼事業夥伴。我們從九〇年代初期就認識，當時他已是餐飲服務業的主管，我還在就讀康乃爾飯店管理學院。我除了精力充沛、過度自信，根本完全沒有經驗，他卻同意收我為實習生。

我們兩個怎麼也想不到，竟然維持快二十年的共事關係，還練就心有靈犀的功夫，對方想什麼、有什麼預感、會有什麼反應，都能精準料中。結識多年下來，我們成了彼此肚子裡的蛔蟲。我都跟別人說，他就像是我哥哥，只不過更高、更禿；他則說，他比老婆更懂我，我求他千萬不能讓老婆大人聽到這句話！

我跟普斯蒙特說我正在寫這本書時，他點頭笑了笑，給我一個「不錯啊，那就好好寫」的反應。他以為寫書是我的興趣，沒當一回事，坦白說，他也沒必要認真。

我之前沒寫過書，成為作家也從不是我的人生目標。但幾個星期後，他聽我聊到這本書，才了解霍華心臟病發確實是我人生的轉折點。見到我對這本書的堅持，他開始關切我的進度。

就算他從沒明講，我還是感覺得到他的觀望態度，所以當我拿草稿給他看時，他會有什麼反應，我也說不準。

一拿到書稿，普斯蒙特習慣性地先翻閱了幾頁，稍微針對幾個環節評論。讀得愈多，他的速度漸漸慢下來，評論也少了。看完十幾頁後他擱下書，想了一會兒說：「這樣吧，我把草稿帶回家，晚上仔細看過。裡頭有幾個點我想思考一下。我們明天再討論好不好？」

得到共鳴

我們兩個人的行程都很緊湊，經常需要到處出差，因此養成一大清早互通電話的習慣。隔天早上六點半，我坐在廚房裡接到他的電話。他沒打招呼，劈頭就說：「老實說，看你花這麼多精力寫書，我有陣子確實替你擔心。你在公司那麼拚命，又常常東奔西跑見客戶，每個月還得花幾十個小時寫書。」

「嗯……我很重視這件事，」我說。

他說：「你的用心我一開始就很清楚。起初我擔心你寫到最後會覺得灰心，花了這麼多心力在上面，效果卻不如預期，但看完後我就不擔心了。霍華這位有大智慧的仁兄跟你之間的情誼，巧妙地被捕捉在字裡行間，將讀者帶進你們的世界。寫起來一定很過癮。」

聽普斯蒙特這麼說，我才發覺自己一股腦兒寫書，卻沒好好欣賞過成品，標準的見樹不見林。他的一番話讓我暫退一步，細心感受成果，起碼霍華的智慧與觀點已經影響了一個人，讓他走入我的世界，結識霍華。這個人還是我的老朋友兼生意夥伴，讓我十分高興。普斯蒙特懂得我的苦心，對我別具意義。

廣結人脈的大師

怎麼說呢？因為普斯蒙特是廣結人脈的大師。他天生就有交朋友的基因，從父親身上遺傳、學習而來。

他太太形容他像《阿甘正傳》裡的阿甘，就是有辦法跟各行各業的人交朋友，不管是他家附近義大利餐館的服務生，還是商場鉅子或娛樂圈名人，他都能攀上關係。只要跟某個人有過互動，普斯蒙特幾乎不會忘記，而且跟其中許多人維持聯繫。多虧了這樣的超能力，他建立起異常寬廣的人脈關係，把點頭之交連成緊密的人際網絡。

結交人脈也是普斯蒙特的重要人生觀。如果可以，他會把可口可樂的經典廣告落實在生活裡，買可樂請全天下的人喝，介紹彼此認識，要大家握手打招呼，一起高聲合唱。（難怪我跟他合創的公司艾克斯全球（Axcess Worldwide）就是建立在「夥伴關係養成」的概念上。艾克斯扮演知名品牌領導人之間的橋梁，幫助它們共同追求商機，達到綜效。）

黃金方程式

除此之外，普斯蒙特在職涯早期就找到工作幸福感的公式，我稱之為「黃金方程式」：結合無懈可擊的創造力、高超的結交人脈能力，以及協助企業互利互惠的敏銳直覺。因為融合三者的經驗有成，他也樂於幫助別人打造成功與幸福的方程式，所以，聽到他接下來的一番話，我尤其高興。

他說：「除了你跟霍華之間的關係很感人，選在這時推出，可說是有先見之明。現在這個時刻，許多人都在尋求啟發，希望找到職場上力量與樂觀的指引。景氣正處於可能好轉的時刻，擁有夢想與企圖心的男男女女又開始問自己：現在是不是逐夢的好時機？」

02

借力使力，彈回正軌

轉折點的型態五花八門：
有正面也有負面，
時而簡單時而困難，
或明顯或細微，
你能抓住機會、借力使力，
也能任由它擺布。
轉折點本身雖然很關鍵，
但你如何反應同等重要。

進哈佛工作後不久，有天我和霍華在校園散步，往查爾斯河（Charles River）的方向前進。

四月初的氣候依舊冷冽，卻預告清晨不再結霜、枝頭發芽的日子就快來到。四月的天氣猶如懸在支點上，輕推一把就能冬去春來。

我喜歡跟霍華邊走邊聊，從我讀研究所時就養成了這個習慣，一直到我們成為哈佛同事那幾年，從沒間斷過。有時我們會討論特定議題，但通常都是天南地北，想到什麼就談什麼，有時講人性，有時談哲思，有時則講到創業。聊天成了暫時跳脫生活紛擾的方式，有點像是兩個人的充電時間。當時的霍華已是哈佛長老級的教授，我不需要跟同事或老闆解釋，為什麼定期花時間跟他見面。

上天給的禮物

這天早上我跟霍華提到小我幾屆的大學學妹蜜雪兒，她的老闆無預警宣布退休。蜜雪兒的創意十足，工作非常努力。她的老闆是部門主管，一直以來是蜜雪兒在公司裡的良師益友。蜜雪兒在這位老闆底下工作快十年，她能在職場上不斷進步，全都拜對方的支持與指導所賜。

儘管蜜雪兒事業有成，看到工作上的貴人要離開，總覺得自己的未來充滿變數。老闆是自願退休還是被勸退，蜜雪兒並不知情。她只知道，在某個平淡無奇的星期五早上，有人告訴她老闆再過幾週就要退休，而公司「正在重新考慮調整部門的角色與組織結構」。

向來行事果斷自信的蜜雪兒頓時亂了分寸。她腦筋一片空白，不知道部門評估過程需時多久、調整層面多廣、對她又有何影響。工作這麼久，這是她頭一次不知如何是好。

講到這裡，霍華露出不解的表情。

我向他解釋，蜜雪兒打算保持低調，先觀察部門會如何重整，摸清楚重整後可能有哪些機會，再決定下一步怎麼走。畢竟，她現在還不知道自己是否會被解雇、降職、轉調，或是升遷。她只知道目前的景氣不好，自己為公司奉獻了十年的青春，只能期待最好的結果出現。

霍華聽完後搖搖頭，踢開眼前一顆松果，嘀咕著：「機會這麼好，真是浪費。」

「她的問題是，沒有人把明確的選項擺在她眼前，」我解釋說。

霍華停下腳步，用手點點我的胸口，「不對，她的問題是，**機會擺在她眼前卻視而不見。**」

霍華就是這樣的一個人，總是以獨到的角度看世界。大家眼中的問題，他卻能嗅出機會，大多數人可能都會贊成蜜雪兒靜觀其變，他卻認為值得謀定而動。

霍華說：「她是在等別人決定她的命運，卻沒發現上天給了她一個禮物。」

「什麼樣的禮物？」

「轉折點，」他說：「蜜雪兒現在剛好處在一個特別的時間點，原本的組織架構沒了，規則也不再適用。趁這個時候，她可以思考自己想要什麼，然後採取行動扭轉情勢，以達成她的目標。」

轉折點激發潛在能量

我們剛好走到一棵大橡樹下，霍華示意要我陪他在板凳上歇會兒，「轉折點會改變我們看待事情的方式，帶來偶爾才會出現的機會，而且擁有一股潛在能量，如果懂得掌握，就能釋放出前所未有的潛力。」

「潛在能量？」霍華喜歡自創其他人聽了可能丈二金剛摸不著頭腦的「霍華用語」，被我笑了好幾年。「潛在能量」就是典型的霍華用語。被我抓到把柄，霍華笑了起來。

「好好好！」他說：「**潛在能量**是什麼呢？其實就是形容**某種能激勵你採取行動的情況，刺激你做出前所未有的作為**。」

「講白一點，就是死到臨頭的放手一搏，」我說。

霍華笑笑說：「這一搏就好比幫你在職場上打了強心針，」他突然停下來，對我眨眨眼，想到一個很適合的比喻。

「你還年輕，應該不記得這件事了，」他說：「七〇年代初期，阿波羅十三號在飛往月球的途中，氧氣箱突然爆炸，指揮艙幾乎全毀。因為燃料不足，太空船沒有動力可以停止行進，折返地球。

「機組人員決定借重月球的引力，展開救援任務。太空船繞了月球一圈，靠著月球自轉的重力加快行進速度，在適當時機再發動引擎，提供一記推進力道，將太空船甩回地球，就好像小石子從彈弓上射出去一樣。他們能夠順利返家，正是因為利用月亮的軌道當作轉折點，改變了彈射方向並添加前進所需的力量。」

「我記得電影《阿波羅十三》裡有這一幕。當時還為他們捏一把冷汗，因為只要有一丁點的失誤，太空船就會飄向宇宙深處，」我說。

霍華笑了笑，「地球上的我們也會遇上轉折點，卻容易忽視，常常錯失行動機會後才發現。大多數人就跟蜜雪兒一樣，不知道自己面臨了轉折點，發現時已錯失良機。就算看得出轉折點，也常常不懂得積極思考，只會被動反應。他們覺得轉折點是強加在

> 轉折點常是改變生活的催化劑，
> 也是轉換人生跑道、
> 朝目標前進的機會。

身上的外力，只能消極回應，任由自己成為生活中的旁觀者。

「絕大多數人都不知道，轉折點常常是改變生活的催化劑，也是轉換人生跑道、朝目標前進的機會。不管是新工作、感情生變，或是其他事情，轉折點是偶然出現的契機，讓人可以停下來思考：我想要繼續走這條路嗎？亦或，現在是轉換跑道的好時機嗎？」

是危機，也是轉機

我想起自己在工作上做出重大改變和走向全新跑道的時候，我曾把這些時刻看作是機會嗎？這些改變是我直覺反應，還是經過深思熟慮後的結果？

霍華繼續說：「我想，執著於眼前的路，一心一意只想在這條路上成功，是人性使然。大多數人從來沒有停下腳步，問問自己是否真的想走這條路。我們只想排除橫在眼前的障礙物，想盡辦法加快腳步，久而久之會以為這是唯一一條適合的道路。」

「也就是說，轉折點除了是一記強心劑之外，也像是人生公路的閘道口，」我打個比喻。

「比喻得很好，」霍華說：「只不過少了地圖或GPS指引明確方向。所以，當轉折點出現時，你需要花點時間思考眼前出現的是出口，還是一條新路的入口，」他讓我沉澱一下，繼續說：「蜜雪兒應該要知道，雖然未來不明朗，看不出明確的職涯地圖，如果意識到並抓住轉折點帶來的機會，就更能夠掌控工作與生活的未來走向。」

我瞄向霍華，他的神情突然嚴肅起來。

「這是你個人的經驗談嗎？」我問。

他沉默了一會兒，看著松鼠把去年秋天埋下的橡樹果扒出來。

「是啊，好的、壞的經驗都有，」霍華說，不發一語地望向緩緩流過的查爾斯河。

「對我來說，跟第一任妻子離婚是人生中最重要的轉折點之一，」他彷彿自言自語地說：「那時候當然很痛苦。過了那麼多年，現在我終於知道，離婚是個轉變的機會，讓我從一段失敗的婚姻跳脫出來，展開新的生活。這個轉折點給了我新的力量，讓我反省自己希望過什麼樣的生活，做什麼樣的工作。」我靜默不語，聽著霍華分享這段非常私人的過去。

過一會兒，他話鋒一轉，又回到正題，「如果是我，我會跟蜜雪兒說，研究企業幾十年來，我很少看到企業宣布要重新評估整個部門，又不採取任何動作。通常企業已經認為需要改變現況了。她不必靜觀其變，就知道工作可能會受到影響。

採取積極姿態

「不管她願不願意，她現在面臨到轉折點，未來不管怎麼變，都一定會跟她原本設想的有落差。我很久以前就學到，等事情發生才反應，甚至完全沒反應，對打造幸福快樂的工作與人生有害無益。

「成天枯坐著猜想未來會如何，怎麼可能出現自己想要的未來？如果蜜雪兒被動地靜觀其變，就會錯失良機，沒辦法預先思考未來有哪些具體的機會與挑戰，又該如何應變。她必須坦誠面對自己，體認到工作環境將大幅變化的轉折點，就像一輛火車正朝她衝過來。」

「所以說，她應該進行**情境分析**囉？」我說。

「完全沒錯，」霍華說：「看清楚轉折點是第一步，但你聽我講過無數遍，人生要往前看。記取過去的教訓，更要把眼光放在未來。她大可以哀嘆老闆要離職，事情既已成定局，就像河水一去不復返。」他指著橋下的查爾斯河說：「她現在應該要設想

“

等事情發生才反應，
甚至完全沒反應，
對打造幸福快樂的人生有害無益。

”

未來有哪些可能性，選出她最想要的一個，思考如何積極掌握這個轉折點，這就是積極管理與消極應對的差別。」

「很有道理，」我說：「大家都會積極管理投資組合，以獲取最高報酬；工作上的專案大家也會主動管理員工與任務，達到最好的結果。」

「所以，面對自己無價的事業與未來，為何要採被動姿態呢？」這時他的手機正好響起。霍華一邊聽，一邊示意走回辦公室。

途中，我思考著他的觀點。預算、員工、工作專案、小孩作息，乃至於個人嗜好，許多人都費盡心力地積極管理，但換成是事業，又有多少人積極經營？

等霍華講完電話，我切回剛才的主題：「你的意思是……與其等著公司吩咐，蜜雪兒應該想辦法在重整過程裡發揮作用，不僅幫助公司，也尋找自己未來在公司的角色，」我想了一想後說：「的確是有點冒險，但她可以積極提出對公司和自己職涯都有助益的方案。」

深思比正確更重要

他停下來，一隻手搭在我肩上，「這個構想很好，我喜歡。蜜雪兒應該參與重整過程，才不會成為受害者。最起碼，她應該要向上級表明自己有什麼長處，對職涯發展有何規劃，這些又對新部門有何幫助。」

我擔心蜜雪兒這麼做，會被認為是僭越職權、年輕人血氣方剛，不顧一切想升官發財。

霍華似乎看穿我的心思，說：「不管怎麼做都有風險，她也可以選擇什麼都不做，期待好事會發生。如果蜜雪兒真如你說的那麼聰明，她應該清楚公司整體營運目標，然後針對部門如何支援這個目標，以及自己能發揮什麼功能，提出個人見解。她的想法不見得要『正確』。這種事對錯很難講，只要她的想法經過深思熟慮、客觀公正就好，不能表面上說是為公司好，其實是想要晉升或加薪。」

「如果上級的回應是『謝謝你的用心，我們沒興趣』又該怎麼辦？」

「那她對自己在公司的未來也多了一層了解。自己或許沒想像中出色，或是不受管理階層重視。不管哪一種結果，她都獲得了重要的資訊，也學到東西。」

站在浪頭上而非淹沒其中

霍華的觀察總是很有道理。蜜雪兒提出構想，上級只要有回應，都比她消極等待、完全沒頭緒要好。她得到的評價是好是壞，根本不是重點，因為她都能從中洞察自己在公司的未來，大幅提高她解決現況的能力。她得以站在轉折點的浪頭，而不是被拖著走，甚至淹沒其中。

「一旦蜜雪兒了解轉折點即將到來，她就能夠預測可能的方向。你應該叫她採取行動，否則只會輸不會贏。她應該要好好掌握這個人生大禮，」霍華說。

我跟霍華說，實在不知道該怎麼跟蜜雪兒解釋這番道理，聽到我口中冒出「潛在能量」，她肯定會笑我。

霍華嚷了一聲：「你只管告訴她就對了！她聽你解釋之後，心情立刻會好過一些。現在的她處在黑暗中，沒有任何資訊可以參考，覺得使不上力，想到可能被資遣就害怕。但如果她有效利用轉折點，而不是讓機會溜走，當下就會覺得能夠掌控自己的現況與未來。你應該叫她別再作夢了，要趕快行動。」

幾分鐘後我們回到他辦公室門口。我笑他說：「霍華，你知道嗎？你剛才的口氣好像尤達大師。你應該記得他說過：空想不能當飯吃。」

他瞪了我一眼，我竟然說他像《星際大戰》中那個皺巴巴的兩棲動物。幸好，當我轉頭離去時，瞥見他會心一笑。

。。。

你上回遇到可能改變職涯方向的情況，是在什麼時候？帶來哪一種「潛在能量」？是否足以激勵你改變工作方式？或促使你跳槽？甚至是改變往後的工作走向？

無論轉折點是好是壞，在意料中或意料外，潛在能量是大是小，你當時如何回應？你有意識到轉折點來臨嗎？

在討論蜜雪兒這件事之後幾年，霍華和我常常聊到轉折點，有時候跟我的個人經歷有關，大多數是講到其他話題時突然迸出來。例如，講到可能的捐款大戶或同事，或是提到他合作的企業時，霍華會突然停下，稍稍舉起食指，問我：「這算是轉折點嗎？」如果我們都認為是轉折點，他會接著問：「那應該怎麼借力使力？這個人或這家企業該怎麼掌握機會，增添前進的力道呢？」

時間久了，我漸漸發現在我的職涯中，轉折點扮演了功不可沒的角色。當然，我沒想過要叫它轉折點，因為我並不知道自己正經歷轉折。不過，回首職涯歷程，我開始了解轉折點的重要，有些我看得到也掌握得到，有些我看不出來或沒有理睬。

我也開始注意轉折點對周遭的人有何影響。跟同事吃午餐或跟老朋友敘舊時，我會要他們找出個人職涯的轉折點。觀察一陣子之後，我發現轉折點不脫三種類型：正面、負面、中性。

擁抱正面轉折點

正面轉折點就像我們的朋友，遇到了要心存感激。舉例來說，某些事件讓我們認清楚，沒有必要待在自己不喜歡的工作崗位，或戀棧無法帶來幸福感的職業。某些事件則證實了我們的希望與願景是對的，自己確實有能力在夢想的職涯上交出漂亮成績單。

正面轉折點出現的方式可能很微妙、甚至是很不明顯的改變，如果我們加以利用，未來可能受益良多。例如，雇主提供學費補助，讓你有機會實踐讀碩士的夢想。出現正面轉折點時，如果我們接收得到，它常常就像一記警鐘，讓人發現新的可能性。出現正面轉折點是上輩子修來的福氣，應該敞開雙手擁抱。

從負面情境中找機會

負面轉折點則像敵人，剛出現時會讓人難以接受。它沒來由地冒出，從背後偷偷踹一腳，讓人措手不及。負面轉折點的例子包括：被唯一感興趣的研究所拒絕了，但對方事前告知鐵定錄取；公司為精簡人事決定裁掉一個組織層級，剛好就是你這個位階；另一半有晉升的大好機會，卻必須搬到遠地。

遇到負面轉折點，就好比開車在職場公路上，突然被人從旁猛撞，讓你失去重心。這樣的轉折點讓人不及防備，充滿疑惑，常常會

> 要小心鋪上絲絨的生活軌道，
> 太舒服反而會不想離開。

變得被動防禦，忘了應該要周詳思考對策，或是從負面情境中找出正面機會，反而用恐懼、無奈與困惑的情緒回應。

不管轉折點是敵是友，通常都源自於外在處境與事件，第三類轉折點則是從內在引起的。遇到正、反面轉折點，人的反應可能會比較強烈，若是碰上**中性轉折點**，反應則會溫和得多。我們或許沒發現，根本不知道需要回應，這才是最大的問題。

我說它是「中性」轉折點，是因為這種轉折點需要自我探索，才能了解我們**必須主動出擊，這件事才會發生**。這是一個我們自己創造出來的轉折點，可以看出現況與未來可能性的關聯。有時是腦海中那股微弱聲音，隱約告訴你之所以對現實不滿，是因為你覺得工作無趣或對前途有疑慮。有時則像火花般閃現一些問題：「如果我把興趣當職業會怎麼樣？」或「現在是我大展長才的好機會嗎？」

關鍵在如何反應

當然，許多轉折點融合了上述三種類型。正面轉折點可能含有負面因素；負面轉折點可能給了你臨門一腳，或埋下日後的中性轉折點，讓人看到更好的新方向；而面臨中性轉折點，可能需要忍一時痛苦，日後才能看得到好處。然而，從我自己和身邊同事朋友的人生經驗來看，最讓我驚訝的一點是，錯失大好機會的原因，往往是我們沒有對轉折點做出任何一點回應。

各位朋友，如果你對積極行動還有疑慮，請記住霍華對轉折點所下的注解：「轉折點的型態五花八門，有正面也有負面，時而簡單時而困難，或明顯或細微，你可以抓住機會、借力使力；也可以任由它擺布。轉折點本身雖然很關鍵，你如何反應也同等重要。每個轉折點都與你人生與事業的幸福感息息相關，具有難以想像的影響力。」

人生實踐家

蔻普與拉古奈森

有些重大轉折點如轟天之雷來勢洶洶；有些則鬼鬼祟祟朝你肩膀輕輕一拍，事後你才發現非同小可。有的人在職涯初期就經歷了重大轉折點；有的人一直到工作多年才面臨三叉路口。

來看看這兩個人的經驗：一位是「為美國而教」（Teach for America）執行長蔻普（Wendy Kopp），另一位則是洛克資本管理公司（Roc Capital Management）執行長拉古奈森（Arvind Raghunathan）。

蔻普的職涯轉折點來得非常早，她那時連大學都還沒畢業，但直到過了二十幾年，她還能感受到轉折點的影響。拉古奈森的情況則相反，他從事電腦科學研究多年，準備走學術路線，卻因為某天晚上讀到的一本書，改變了他往後的事業走向。

時間回到一九八九年，就讀普林斯頓大學四年級的蔻普面臨兩個問題。第一，她不知道畢業後想從事哪一行。她去年夏天跟我說：「我對要找什麼工作完全沒有概念，甚至連想都不去想，」第二個問題比較急迫，她必須找到畢業論文的題材。有趣的是，解決了第二個問題後，連第一個找工作的問題也跟著搞定。

憑著熱誠與使命感撐下去

蔻普有天去參加教育改革會議，想到偏鄉學校學童所面臨的困境，她忽然冒出靈感：「優秀的大四學生為什麼不能到貧困地區的學校實習兩年呢？就像有些人去華爾街實習一樣啊！」

這成了她畢業論文的主題，她在論文提出「為美國而教」的概念：鼓勵優異的大四學生到公立學校實習，擔任兩年老師，不管未來從事什麼工作，他們都會因曾扮演教育大使而充滿意義。大家一開始完全不看好這項提議，指導教授甚至說：「親愛的蔻普，你真是瘋了，」蔻普還是滿腔熱血。

她不顧眾人批評，展現自己在組織、策略規劃和鼓舞他人的能力，擔負起改善全國教育的使命。蔻普從普林斯頓大學畢業不久後，便成立了「為美國而教」機構，一九九〇年共有五百位畢業生報名參加，二十多年後的今日，已有幾萬名年輕人參與此項計畫，造福數百萬名弱勢學童。

「為美國而教」並非一路順遂，身為創辦人與執行長的蔻普也曾遇到經營慘澹、行政出現重大難題的時候。但從當初的核心概念形成以來，她的熱誠與使命感沒有減少過，堅持把「為美國而教」辦起來，為改善公立學校教育盡一份心力。

從許多方面來看，「為美國而教」被公認為頂尖的非營利組織之一，不僅名列《財星》雜誌百大最佳工作場所之一，而且每年申請的大四學生愈來愈多。蔻普的願景是設立「為全民而教」（Teach For All）的全球性網絡，協助數十個國家的社會創業家以她的營運模式為基礎，加以調整運用。

回顧進入職場前幾年，蔻普笑說：「不知為什麼，我很快就找到能發揮所長的工作，實在是太幸運了。直到現在，我還不知道自己有什麼其他長才，哪一行能像教育一樣讓我全心全意投入。」

相較之下，拉古奈森的職涯道路顯得一波三折，充斥許多轉折點，但每一轉折都產生深遠的影響，蘊含了「潛在能量」，使他從一個出生於印度清奈的小孩，一路走來成為戰果輝煌的創業家與慈善家。

改變人生志業的一晚

拉古奈森畢業於名氣響亮的印度科技大學（Indian Institutes of Technology），並在柏克萊加大取得電腦科學博士學位。畢業後，他當了三年教授。某天晚上看書時，改變他人生志業的轉折點出現了，他此後十幾年的職涯完全翻轉。

「我大學時是個書呆子，只不過碰巧數學很厲害，」我們在他的辦公室見面時，他說：「我小時候在印度長大，對美國的印象都是看電視得來的，開始對美國抱有憧憬。印度社會的階級制度很嚴重，逃脫的方法只有一個，那就是考進相當於麻省理工學院或柏克萊加大的印度科技大學。當時每三十萬名學生申請入學，只有兩千人錄取。高中時我花了好幾個月苦讀，每天關在房間裡準備入學考試，一關就是十個小時。

「得知錄取後，我的人生徹底改變。突然間，原本不可能的機會都成為可能，到美國讀研究所就是其中之一。一九八四年，經過兩天的長途跋涉，我終於來到柏克萊，身上只有一百美元，護照還在途中遺失。幸好，在柏克萊讀書的生活，以及當上教授這一路都很順遂。教授該做的研究、教書、思考，我也都做到。當時的我覺得，只要努力個幾年，我就能在電腦科學領域發揮一己之力。

「過了幾年，我開始希望在更廣的領域有一點貢獻。當然，我那時的心思都放在學術上，從沒想過要轉行。但時間久了，我心裡開始認真思索，我的人生難道就這樣而已嗎？原本只是潛意識的一個念頭，後來愈來愈具體。」

掌握轉折點

我提起霍華最喜歡告誡人的一句話：「要小心鋪上絲絨的生活軌道，太舒服反而會不想離開。」

他點點頭說：「我完全了解那種誘惑，不過，一個巧合讓我從安逸的生活裡跳出來。某天我到同事的辦公室留紙條，瞥見書架上有本書的書名特別吸引我，叫做《老千騙局》（*Liar's Poker*）。這是一本經典，講的是八〇年代華爾街交易員非常沒有效率的投資方法。我跟同事借來看，當天晚上便一口氣讀完。把書放下時，一個念頭飄過腦海：我知道怎樣可以做得更好。

「琢磨了幾天，我決定辭去教職。我心中很篤定，促使我這麼做的原因是一個簡單卻有力的轉折點：既然我具備數學和電腦科技的知識，又是我專研的領域，把兩者結合起來，就可取代《老千騙局》中投資人只訴諸直覺的做法。

「掌握轉折點後，我的人生完全改向，把我帶到從沒想像過的境界。」他因此有能力幫助別人，與妻子兩人成為慈善家，資助美國和印度的教育與文化事業，這是他始料未及的。

蔻普與拉古奈森的經歷看似沒有交集，細究之下，可以看出兩個人都是在修練人生志業，不僅全心全意投入，而且闖出一片天。他們造福社會的方式剛好相輔相成：蔻普從事的教育工作，非常仰賴慈善機構的金援，工作內容將會改善學童生活，壯大美國的經濟能力，影響十分深遠；拉古奈森則是謹慎調查研究並投資新事業和新就業機會，進而累積資源，投入教育慈善工作。

不管是蔻普還是拉古奈森，都成功地抓住轉折點帶來的機會，把專長與熱誠發揚光大，並樂在其中。

03

以終為始

以終為始是指
先花時間勾勒出未來願景，
工作和生活裡所做的決定，
都以這個願景為依歸。

五月的某天傍晚，我坐在霍華家廚房餐桌旁，邊喝著啤酒邊看他準備牛肉三明治。

我說：「其實我回家路上再吃就可以了，你不用這麼麻煩。」

霍華回說：「你以為這麻煩啊？那你的料理技術還有得學了。再說，我們還有很多準備工作要做，我不希望你餓到發慌。」我們隔天要跟霍華以前的學生碰面，對方考慮要捐款給哈佛大學，我們必須趁晚上把策略擬定好。

他把三明治放到我面前，看我拿起來就狼吞虎嚥，笑了出來，「還說不餓！」

「我中午沒吃，」我邊嚼邊說：「因為發生一件有趣的事，我想聽聽你的看法。」

「你說吧！」他說，順便坐下來，聽我講喬治的故事。喬治是我的前同事，做事認真又自律，也很聰明勤奮。我認識他十年了，他的生活完全以事業為重心。

打拚出一番成績

喬治那天剛好到波士頓，我們打算一起吃午餐順便敘敘舊。可是人都來到餐廳門口了，他卻一副心神不寧的模樣，沒有胃口，我們索性飯也不吃了，接下來的兩個小時，漫步在波士頓老街，聽他吐苦水。他談起了去年遭受的挫折與無奈。

認識喬治這麼久，我一向知道他在錢財方面很積極。但他為人不貪心也不拜金，反倒是個性慷慨，過著小康而簡單的生活。

小時候家庭破碎、過慣苦日子的他，長大後一心想變成有錢人，讓家中妻小在財務上高枕無憂，絕不讓他們受到自己小時候經歷的苦，能有安穩的家庭，生活不愁吃穿。他希望老婆生完小孩後，不需要為了賺錢回去當上班族；小孩就算沒申請到獎學金也能一路讀到大學，不用像他一樣，只能靠獎學金支付學費。除了相當重視家人生活品質之外，他把照顧公司員工的福祉當作己任，也令我相當敬佩。

初入職場時，我們曾在一家飯店管理公司共事過。幾年後，他認為自己該學的都學會了，也累積足夠的知識與經驗，便離職創業，開發一套效率更高的線上訂房系統。我當時很佩服他的膽識，賭上微薄的積蓄，刷爆好幾張信用卡，為一個未經證實的概念承擔龐大風險。但是，他很清楚自己在做什麼，也做出了一番成績。

我們在波士頓重逢前一年，他把公司賣給一家大型酒店集團。喬治原本收入就不錯，公司被收購後，更有一千萬美元入袋。他的夢想成真，家人一輩子不必為錢煩惱。

熱情頓時被澆熄

基於收購合約的條件，喬治必須留任一年，這段期間的工作內容跟以前幾乎一樣，公司營運也大致正常。公司順利度過經濟衰退，營收逐漸成長，接手的新老闆也很少干預他。

接到他電話邀約吃飯時，我原本以為他應該春風滿面才是。邊走邊聽他解釋，我才知道他幾乎從賣掉公司第一天起，對工作就愈來愈不滿，甚至一發不可收拾，導致現在苦不堪言。

我聽了很驚訝，第一個反應是問他家裡的情況：「夫妻感情還好嗎？小孩子是否都好？」「亞曼達跟小孩都很好，沒有問題，他們是我的支柱，」他搖搖頭：「問題出在我身上。我把工作上的情緒帶回家，害家裡死氣沉沉的。」

我安慰他說，這是很正常的反應。一旦當過老闆，便很難用同樣的熱情為別人工作。此外，他提前實現重大的事業目標，突然失去幹勁也是很尋常的。

喬治承認工作熱情的確是這樣被澆熄的，他甚至願意離開這個親手打造的公司。要做出這樣的決定特別煎熬，因為他把長期並肩奮戰的員工當成家人，保障他們的生計無虞，一直是鞭策他前進的力量。

喬治說，我所提出的問題都把重點擺在過去，但問題是在未來。他考慮二度創業，雖有好幾個構想，但都不合適。有顧問公司想延攬他，但他臨陣卻步。他現在甚至考慮去讀法學院，雖然對當律師不是特別感興趣，但這件事至少讓他在未來幾年有明確的方向和目標。

我跟霍華說：「他比原本預期早了好幾年實現職涯目標，現在卻原地繞圈圈，找不到新的出路。他是個積極主動、有衝勁的人，但想不出該怎麼發揮那股動力，繼續過生活。見到他今天的模樣，我覺得好像看到一個隨時就要爆炸的壓力鍋。」

霍華靜靜坐在一旁。我吞了幾口三明治，接著說：「甚至連工作以外的活動，他也沒興趣了。他不再打高爾夫球，不上電影院，甚至可能辭去社區委員會的工作。」

「真的嗎？」霍華說。這是我提到喬治後他第一次開口。

「是啊，連我也鬱悶起來了，」我說。

霍華思考了一會兒，拋出好幾個問題，我當下有點吃驚，因為他似乎沒有問到重點。他問：「喬治在大學或剛開始工作時是否常打高爾夫球？」我回答：「高爾夫球是後來才學的。剛認識他那幾年，他倒是很喜歡打保齡球，我覺得很無趣，但他很著迷，把我拖去打過幾回。」

他還問：「喬治參與的社區組織有哪些？」我答：「當地藝術中心和美國肺臟協會（American Lung Association）。」他接著問：「喬治喜歡創作嗎？家人是不是有肺臟疾病的病史？」我答：「就我所知，兩個答案都是否定的。」

回答完霍華的問題後，我也丟了一個問題給他：「這跟他未來的職涯規劃有什麼關係？」

「關係可大囉！」說完，他站起身走到書房，拿著裝滿孫子的遊戲跟玩具的大型塑膠購物袋出來，往袋子裡東翻西找，才找出拼圖的大盒子。

先有整體概念

「我孫女最喜歡拼圖了，」霍華說：「她可以憑直覺把四個邊拼出來，慢慢往內拼。先有了基本架構，也就是整體概念，她就更知道其他部分該怎麼拼。」

「才十歲就這麼有謀略？」我說：「應該是遺傳自奶奶吧？」

他沒理會我的挖苦。「看來，年輕又成功的喬治遇到了事業跟人生上重要的轉折點。就像負面轉折點好好處理可以變成商機，正面轉折點若不好好處理，也可能讓人陷入痛苦，」他先讓我思考一下，才繼續說，「我們聊過太空人利用月球重力當轉折點，安全返回地球的事，還記得嗎？」

「當然記得，」我嘴裡塞滿第二份牛肉三明治，邊吃邊說。

「如果沒有整體觀念，不知道怎麼利用轉折點，也是枉然。如果阿波羅十三號的太空人不知道所在位置跟目標位置，就冒險繞行月球，恐怕只會飄往宇宙深處。不知道目的地在哪裡，就沒辦法決定行進速度、引擎應該燃燒多久、什麼時候該關掉。」

「甚至可以說，他們的任務很單純，」霍華接著說：「他們只有一個目標，如果沒達到，其他事就不用談了。沒有模糊地帶，也沒有別處可去，他們只想回到地球，而且刻不容緩，不然就會被燒毀。但地球上的人事物複雜多了，人生志業不可能像阿波羅十三號一樣，只有一個特定目標。」

沒有目標，走哪條路都到不了

他搖一搖拼圖盒，叩囉叩囉響，「每個人的生活與工作，都是由許多塊拼圖拼湊起來的，如果不知道成品的模樣，甚至連四個邊都找不到，怎麼會知道該先拿哪一塊拼圖呢？」

「喬治就像是拿到一堆新拼圖，不知從何著手，」我說。見霍華點頭同意，我邊想邊說：「他很有衝勁，卻沒有方向，甚至連分清東南西北的指南針都沒有，才會那麼痛苦。」

「賓果！」他說。見三明治被我一掃而空，他把空盤子拿到流理台。

填飽了五臟廟，我以為喬治的話題就此打住，準備從公事包裡掏出電腦跟文件。

沒想到霍華又端上一大塊蜜桃派跟牛奶，臉上表情似乎在說：「少囉唆，吃就對了。」顯然，他還想繼續討論。

「俗話不是說『如果你不知道自己要去哪裡，走哪條路都到不了』嗎？或許是我想太多了吧，我總覺得以前的人會認真思考人生的目標在哪裡，有了大概念之後再做決定，但現代人好像很少這麼做了。」

我不由得莞爾一笑，跟霍華這樣聊天讓我覺得又回到學生身分，何其有幸能夠跟哈佛大師一對一上課。

匆匆行動，快快失敗

「或許是科技發達使現代人溝通太方便，二十四小時不停歇，才會有這樣始料未及的副作用，」我提出個人觀察：「現代生活步調好快，事情一件一件接著來，大家沒有停下來好好思考的習慣，只想趕快行動，不願意『浪費時間』思考。這讓我想到我生意夥伴渥高茲（Mike Wargotz）講的一句話：『匆匆行動，快快失敗。』」

「你說的大致沒錯，」霍華說：「這樣是適得其反。如果沒有先想清楚目標，看清

> 如果沒有先想清楚目標，
> 就埋頭苦幹，
> 到頭來只是浪費時間和精力。

楚目標長什麼樣子，就埋頭苦幹，到頭來，十之八九都是浪費時間和精力，」我吃著派，聽霍華補充道。

「我覺得還有一個因素，」他說：「在這個高度互連的社會裡，大家很重視所謂『名人即成功』的文化，愈來愈多人覺得有名氣就代表成功，同時把成功人士視為名人。以『成功』掛帥的社會氛圍，導致大家潛移默化篤信兩個概念。

「第一，我們覺得每個人都值得成功，也都為成功做好了準備。或者說，我們根本不願承認，自己的能力不足以把某件事做到最好。第二，我們做事時總假設自己一定會成功。」

「你是說，我們都以為人生自然會找到方向？」我問。

霍華點點頭，停頓了一下，想找個最好的比喻，「就好像很多人以為人生裝有GPS，只要一按，就能點出職場公路上哪個交流道最好走。可惜，GPS的功能再強大，沒有事先設好目的地，也沒辦法教你該怎麼走。

「諷刺的是，通常都是那些自認聰明、有才氣，或者是認真工作的人，才會掉進這個邏輯陷阱。因為他們覺得憑自己的聰明、才氣和勤奮，自然而然會知道該以多快的速度前進，又該在何時轉彎，即便連目的地在哪裡都還不確定。」

我們沉澱了一會兒，他示意要我跟著他到書房裡。我甚至連檔案都不帶了，因為我知道這堂課肯定還沒結束。

思考如何把所有拼圖放在一起

霍華坐在沙發，兩隻腳放在咖啡桌上，繼續分享他腦海中逐漸清晰的思緒。「我有太多學生，在只找出幾片喜歡的拼圖時，就想從那裡開始拼出事業地圖。有些人的情況更嚴重，一股腦就從手上現有的那幾片拼起，」他說：「但有意義的幸福人生是一整幅拼圖，需要花心思、花時間拼湊。如果只拿一塊拼圖就想拼出事業或生活，不懂得前瞻思考這塊拼圖該放在人生全景圖的哪一處，恐怕是自找苦吃。」

我知道，多年來霍華遇過許多所謂的「成功人士」，雖然生活很活躍，頭銜很響亮，有名車、有度假別墅，但內心並不快樂。我也常遇到這種人，數都數不清。

如果用金錢、地位、頭銜，或其他狹義標準來衡量成功的話，這些人絕對是佼佼者。但他們卻沒能靜下心來思考，在更複雜、更長期的人生大拼圖中，那塊成功的小拼圖應該放在哪裡。他們忙著追求主要目標，從沒想過次要目標的規模雖小，也很重要，不應該偏廢。他們沒有意識到，如果不去管人生全景圖的其他部分，情緒常會大受影響。

「換個比喻，」霍華解釋說：「把心思集中在一個目標，就好比只用一條肌肉運動，無法改善身體健康，反而有害。聽起來，你朋友的處境就是這樣。他用盡心思規劃、花了大把精力，卻只是專注在人生裡的一小塊拼圖。」

這點我就不懂了。雖然說喬治可能沒有規劃出長遠的職涯願景，就我來看，他倒是把生活經營得面面俱到。他的工作的確很忙碌，但他花很多時間陪伴家人，固定從事喜歡的運動和藝文活動，也參與社區事務。

因此，我才會以為他的人生快樂又充實，實現人生的目標。聽他說對人生不滿，我才會如此震驚。原來，他不只在職場上得不到滿足感，生活中很多方面他都不快樂，似乎什麼都不滿意，只有家庭生活還正常。

所以我提出跟霍華不一樣的看法。「我倒是覺得，他在許多方面都很努力，」我說：「工作、家庭、朋友、社區事務都有經營，只不過這個正面的轉變，讓生活失去了平衡。」

遠離「假立體」的人生

霍華露出意味深長的笑容，彷彿早已布好棋局等我掉進圈套，現在終於手到擒來，「對啊，他有朋友、有社區事務，有高爾夫球……從表面上看，可以說是有好多面的立體人生。不過我願意跟你賭一整盤牛肉三明治，他的生活其實是假立體的。」

他又冒出霍華用語，我聽了不禁大笑，「『假立體』的人生，到底是什麼意思？」

「意思是說，不管他自己知不知情，那些活動只是他追求財務成功的手段，並不是圓滿人生的要素。他只是把同一個面向往外延伸，看起來很多元，其實不然。我才會說是假立體的，」霍華進一步解釋。

我愈聽愈明白。霍華的意思是說，喬治打高爾夫球，不是因為他真的喜歡打；去聽交響樂，不是因為他真的鍾情古典樂；擔任藝術中心或肺臟協會的要職，不是因為他有滿腔熱誠的使命。他參加這些活動，純粹是因為這是建立人脈最好的方法，可以認識企業主管、金融界人士、投資人等等，對拓展公司業務有幫助。

或許這是他刻意擬定的策略，但看他現在滿腹困惑與無奈，比較可能的情況是，他只是直覺這樣能建立人脈，自然而然便這麼做了。在不自覺或不知如何明確做出取捨的情況下，他逐漸打造出緊密相連的人際網路，有業務關係、社區事務、社交活動，這些事決定了家庭生活以外的人生。

不過，天大的好運突然降臨，他所建立的生活網絡幾乎沒了意義。喬治突然又回到原點，工作上如此，心靈有塊角落也如此。他不知該如何重新起步，因為究竟為何會落到這般田地，他自己也是一知半解。

「你別誤會了，艾瑞克，我其實很佩服喬治。他犧牲了個人真正的人生目標，才能達到這些成就，」霍華說。

見我一臉狐疑，他解釋：「我認為財務無虞並不是喬治最終的目標，只是達成目標的一種手段。老實說，我覺得他真正的人生目標其實很簡單，就是保護家人、照顧家人，包括妻小和員工。賺大錢以及為了賺錢所做大大小小的事，都只為了達到這個最終目標。」

我把他這番分析想了一會兒，提出我的看法：「所以說，他現在應該重新聚焦才對。他應該意識到『保護家人、照顧家人』才是他的主要目標，因應財務狀況的改變，以全新角度來看待這個目標。因為財務只是『保護家人、照顧家人』的一個面向，情緒、智識、心靈、關係等其他面向也應該要重新思考。」見霍華點頭如搗蒜，我繼續說：「不只如此，他也應該敞開心胸，思考人生還有什麼事情對他很重要，有哪些事讓他覺得快樂、有意義和滿足感。」

「說得沒錯，」霍華說：「現在的他有錢有閒，應該稍微停下腳步。你勸他不要急著找下一件事做；要靜下心來全面深入思考，哪些要素成就今日的他，人生有哪些渴望，每個渴望之間又有什麼關聯。」

把心思放在當下

「再回到拼圖的比喻，」我說：「他應該為人生建立起扎實的圖框，有了清楚的畫面，遇到這麼重大的轉折點時，就能更得心應手。」

「沒錯，他應該要建立起清楚的架構，當作決策的準則，」霍華回答說：「但是，我說的並不是建立一個死板僵硬的框架。框架必須與時俱進、靈活變通，讓他對未來有全方位的視野，日常的工作與個人活動也要能符合這個願景。」

「為什麼要能與時俱進，懂得變通呢？」我問。

「人生本來就是既有彈性又持續演進的。你今天建立的框架，一年後確實還適用，但是你今天如何因應轉折點，一定會改變你明天的生活。」

他指了指背後的書架，要我看那套做工精細的西洋棋，「就好像玩西洋棋一樣。下了頭幾步棋，接下來的每一步都會影響整盤棋局。再小的一步，都可能產生重大而長遠的影響。你不能一直想著剛才那一步，要把心思放在當下。」

好棋手明白這一點，我們每個人思考職涯發展時，也應該這樣。

「問題是，工作與生活隨著時間一直在變，不管是離長期的目標與期許愈來愈近，還是愈來愈遠，很多人都會誤以為看事情的角度不用跟著轉變，忘了問自己一些簡單的問題。例如：我此刻想要的還是跟去年一樣嗎？我五年前接下這份工作的理由，現在還成立嗎？我做出上一個選擇的理由，適合用來決定下一個選擇嗎？

「換句話說，」我說：「不要用上一個轉折點的方式來處理。把重點放在眼前這個轉折點，從今天的角度而不是昨天的角度，來看你要什麼樣的生活。套一句智者的話：生活要向前看。」

聽我偷用他最喜歡講的一句話，霍華笑出聲：「說得對啊！」

你希望人生有什麼樣的結局？

「好，那表示喬治現在有天時地利。他以前的框架已經徹底瓦解，這點我相信他自己也知道了，但他要如何建構新的全景圖？我們假設『保護家人、照顧家人』占了這幅新畫面的大部分，他應該從哪裡著手？怎麼拼出未來全景圖的邊框？」

霍華聽到我的問題，露出燦爛的微笑，「他應該以終為始。」

「什麼？」

「我說啊，**以終為始**。喬治應該先想想，自己走到人生終點時，希望有什麼樣的結局。賺了很多錢是很好沒錯，但他希望死後能留下什麼？我們每個人都應該把眼光放遠，思考自己想留下什麼。愈早頓悟這一點，愈容易找到正確方向，人生才會愈快樂。」

「以終為始是指一開始就花時間勾勒未來的願景，不管是工作與生活，都以這個願景為依歸，」他繼續說：「要找出自己想留下什麼在世間，有時候最簡單的方法，就是思考**你最想聽到大家在告別式上怎麼說你**，」他停下來看看我，確定我聽不聽得懂。

「我必須承認，」我想了一下後說：「今天晚上聊了這麼多，沒想到會出現悼詞的話題。我最愛你這一點：讓人隨時得準備接招。」

他開玩笑說：「這句話要是寫在我的墓碑上，我可以接受，」然後從沙發旁邊一把抓起公事包，把注意力轉向明天開會的準備工作。

。 。 。

還記得你上次面臨的轉折點嗎？它是不是一個讓你確認是否該留在原路，還是轉往新方向的機會？你是否因為順理成章而留在原路上？或者選擇大家覺得你應該把握、千載難逢的好機會，直覺卻叫你放棄？

你是怎麼做決定的？如果你跟大多數人一樣，對某個選擇的利弊得失左思右想，那麼，對於攤在眼前的所有可能性，你可能想到天荒地老，或是只專注在每個選擇的枝微末節，陷入做決定的泥淖，想不出應該怎麼辦。

或者，你是否如霍華所言，靜下心來把人生中許許多多的目標與期許，全部放進一幅圖片裡？你是不是等到有了人生全景圖，才開始做決定？設定單一目標，積極設法達成並不難，然而，我從霍華身上學到一個重要但知易行難的觀念：不能一味追求狹隘的目標，應該擴大格局，知道你自己想在世界上留下什麼。透過設定這樣的終身願景，可以看到你夢想生活的全貌。

為什麼這件事很重要？因為知道終身願景（目的地）後，才有辦法規劃出人生的路線圖，在職場上做決定時才有所依循。有時轉折大到足以改變人生，如喬治的遭遇，有時轉折點衝擊雖小，重要性卻不可小覷。不論是正面或負面的轉折點，大部分人在職場上都會遇到幾回。重要的是，**終身願景是主動創造轉折點的最佳法寶**。

勾勒立體藍圖

生活中面臨岔路時，比方說，該不該接下這份工作、要住在市區還是郊區、該上研究所還是學鋼琴，如果心中有明確而長期不變的目的地，做決定是不是簡單許多？答案顯然是簡單太多了。但這並不是最大的好處。依終身願景做出的決定，更能收到實效，更有可能帶來幸福感。以這個角度來看，大家可多學學成功企業的經營術。

企業之所以成功，是因為他們在做細部決策之前，已規劃好營運大方向，不會只著重在某個營運環節。企業若缺乏全面性的大方針，只會一敗塗地。這些企業常常是曇花一現，也許起初能挾著優異產品或突破性的行銷做法而有亮麗表現，最後卻可能雷聲大雨點小。因為在產品與行銷的鋒頭過後，它們就不知道該如何是好。

反觀維持成功不墜的企業，則是勾勒出多面向的營運願景，以這個立體藍圖為指南，帶領企業立足現在，迎向未來。

就跟霍華提供給喬治的意見一樣，有效的企業營運方針，並非一成不變的全景圖。成功企業對自己、對市場、對產品的認識會隨時間而加深，因此常常會調整營運目標；正如個人的終身願景會隨時間而改變。但企業在決定有哪些新機會值得追求、又該做出哪些營運調整時，還是有一套明確的參考點，亦即**現階段的願景**。

許多人走在職涯路上，做決定都是見招拆招，沒有一個大方

“

依終身願景做出的決定，
更能收到實效，
且更有可能帶來幸福感。

”

向。結果，匆匆做完一件重要事項，又忙著處理另一件。事實上，薪水、職銜、房子、社交活動、智識的追求、社區事務等都屬於人生中細部操作的戰術；如何把這些面向拼湊在一起，則是大方向的策略。正如霍華所說：**把人生當成事業來經營**。

大處著眼，小處著手

「把人生當成事業來經營，」霍華解釋：「首先要從策略面著手，為最終目標勾勒出整體畫面。我不是要你思考事業最高能做到什麼頭銜、職位，我指的是勾勒出大方向的願景，然後看怎麼做最可行、最能實現那個畫面，再來下決定，妥善因應轉折點。」

不論是企業或是個人，都需要投注時間與精力，培養出營運願景或終身願景，但人性畢竟比企業有趣且複雜許多。企業有明確、不容模糊的獲利需求，長期營運下來，賺不賺錢成了評鑑企業成功與否的標準。就好比放了一把固定不變的量尺，界定並評估企業的績效。

雖然，霍華可能會立刻跳出來說，企業也應該有非財務的績效標準才對。其實，獲利有時反而是束縛，企業若能擺脫獲利至上的心態，更能全力實現核心使命。

舉例而言，蘋果與臉書改變了當今文化的面貌，而嬌生（Johnson & Johnson）與美敦力（Medtronic）則是以醫療器材挽救人命。這些企業都證明了，獲利只是營運目標的一部分。

人就不一樣了，我們有需求也有渴望。地球上幾十億人口，時間與精力幾乎都花在滿足食衣住行的基本需求上。滿足渴望是額外的美事，但並非必要。各位有時間讀這本書（而我有時間寫這本書），顯示你我都有機會滿足需求與渴望，而且機會幾乎天天都有。這是我們的福氣，也是我們的壓力所在。

如果空有渴望卻無法達成，有時只是徒增痛苦。尤其現代社會常灌輸我們一個觀念：「想要什麼就能擁有什麼，沒什麼辦不到的事；如果辦不到，可能表示你不夠聰明、不夠漂亮、或不夠努力。」正因為如此，霍華才會說阿波羅十三號的任務簡單多了，太空人的渴望與需求完全濃縮在單一目標上：安全返回地球。可惜對我們大多數人而言，天下並沒有這等好事。

讓喬治無法招架的轉折點，表面上似乎跟金錢有關，其實還代表了他應該調整人生重心，把心思從需求轉移到渴望，這就是改變整盤棋局的那一著棋。

許多人都希望能擁有喬治的轉折點，他覺得痛苦，是因為他在事業上的「成功」無法帶來幸福感，更別說自我實現了。他沒有體認到（更別說承認了）取得需求與渴望的平衡很重要，過去沒有列入考量，未來也還沒想到。即使有，不僅不明確，對自己也不夠坦承。

行動之前，先釐清價值觀

有機會的話，霍華會跟喬治說：如果你想過得幸福美滿而充實，不要只想著下一步怎麼走，應該要先問：「**我想成為什麼樣的人，我的人生想留下什麼樣的足跡？**」喬治對這個問題確實有了部分解答，畢竟他達到讓家人財務無虞的目標，但他的人生全景圖留有許多空白，他從來沒花時間思考要如何彩繪。

「你想成為什麼樣的人，反映出你的**價值觀**，」霍華說：「這是你內心深處信念的表現。若想善用生命中的機會，我們必須有一套認識自己、檢視信念的價值觀。」

我們過去也聊過價值觀的話題，但霍華從來沒有說過，我應該要有什麼價值觀。在此，我相信也沒必要長篇大論細究。

他教我的一向都是簡單而直接的概念：**我的價值觀應該由我做主，不盲從周遭文化**；我的價值觀必須有如深柱，才能打造出終身願景；我的價值觀應該體現在追求願景的細部決策上。

你想成為什麼樣的人，有很多方法可以幫你找到答案，換句話說，你可以廣納各方資訊，以便勾勒出想要的終身願景。然而，要從眾多資料中理出頭緒，方法只有一個，套句霍華的說法，那就是：「坐下來深刻思考。」

允許自己探索內心

不管是「深刻思考」，或「誠實的自我對話」，進行自我剖析，對許多人而言，都是很陌生、甚至不自在的行為。我們不會特別專注或長時間思考自己想成為什麼樣的人。生活步調匆忙，社會瀰漫「做就對了」的氣氛，如果還花時間自我對話，往往與常態背道而馳。答案，我們希望現在就有；成功，我們希望手到擒來。但如果我們願意探索內心深處，大多數人都清楚自己重視的人事物為何，即使一時不知道，也能找得出來。

> 要知道你想成為什麼樣的人，
> 方法只有一個，
> 那就是：坐下來深刻思考。

「允許自己探索內心」是很重要的。第一步是要了解，勾勒終身願景是有意識的選擇：這輩子想成為什麼樣的人，你有能力決定；工作在生活中怎麼定調，你也有能力決定。一旦你承認自己有選擇權，便能擁有許多「深刻思考」的方式。

我特別喜歡霍華給喬治的建議：想想**在你自己的告別式上，你希望別人怎麼說你**。你希望親朋好友怎麼描述你這個人，講的是對你的個人感受，而不是社會加諸在你身上的框架與角色。想像你的小孩跟親朋好友的小孩提到你，你希望他們怎麼描述你。或者可以這麼想：人生走到終點的最後一刻，如果有台相機能夠拍下你的終身願景，你希望照片裡有何景色？

我所認識擁有美滿人生的人當中，不論富有與否，他們回答這個問題時，大多沒提到事業成功，講的都是個人層面。

全球最大飯店的前董事長曾跟我說：「我希望墓碑上刻著：他是全世界的朋友。」一極為成功的土耳其創業家則說：「我希望我對後世的影響是，小女孩因學會讀書寫字後，生活有了改善。」比爾・蓋茲幾年前曾在哈佛畢業典禮致詞說，他希望後人不要只因他改革了個人電腦產業而記得他，還能記得他在慈善事業上扮演了小小的角色，致力消滅非洲大陸的疾病。

這些成功人士都曾經花時間勾勒未來願景與方向，以全面而立體的角度看自己，在這樣的視野下，工作與財務上的成功不過是一個小環節罷了。

對擁有美滿人生的人來說，終身願景不只是理論概念，更是實用性十足的工具，在他們必須為工作與生活做出重大決定時，有所依循。

人生實踐家

娑兒

各位可能從來沒聽過娑兒（Lori Schor）這個人，我也是最近才認識她的。聰明、笑容可掬的她，不是大企業執行長，財力暫時也不夠雄厚到能捐幾百萬美元給慈善機構。她只是個受過良好教育的職業婦女，身兼妻子、母親、姊姊與朋友的角色。但認識她並深聊過後，我發現她正是「以終為始」的最佳代言人。

我跟她提到霍華的理念：一個人要遠處著眼，知道自己想成為什麼樣的人，才有辦法近處著手，做各種當下的決定。方法之一是，思考在你自己的告別式上，希望別人怎麼說你。她點頭贊同。她說：「霍華一定是詩人艾略特的粉絲，」接著唸了一兩句艾略特的《四首四重奏》（*Four Quartets*）：「我們不應停止探索，我們所有探索的終點都會回到起點……。」

我們聊到從「以終為始」的角度看待轉折點，需要費一番苦心。我問她對此有什麼做法。

「霍華的方式不錯，但我會再往前跨一步，」她說。

「都告別式了，還再跨一步？」我笑說。

她點點頭，跟我分享猶太人的智慧小故事：「走到天堂的大門前，上帝不會問我：你生前為什麼不像摩西或你身邊的大人物那般偉大或傑出？上帝只會問我：你為什麼不活得更像你自己？」

聊著聊著，我才發現這則寓言對她真的很重要。她不僅將它奉為圭臬，也當成週五晚上安息日開始時唸給家人的禱詞：「做你自己，祝福你忠於自我，」這段禱詞一語道盡她希望別人在告別式怎麼描述她：她實現了忠於自我的承諾。

你想成為什麼樣的人？

她解釋道：「面對人生的轉折，在考慮外在因素前，我會先確定自己真正想怎麼做。所以你接下來一定會問：好啊，那你又是怎樣的人？」

看她自問自答，我不禁莞爾。「我是個多面向的人。我有宗教信仰，也相信人性本善；我相信教育的重要性，也一直不斷學習；我對生活中的人事物心存感激；對我所愛的人，全心全意付出，」她說。

她停了一下繼續：「我天生就愛規劃，屬於行動派，但是遇到需要下決定或解決問題的情況，我不會草率行事。我會積極尋找有幫助的資料，再採取行動。」她笑了出來：「比方說，我跟我先生想要生小孩的前一年，我就已經開始讀新手媽媽的書籍。」

「當然，有些朋友會取笑我，但我知道第一胎絕對是非同小可的轉折點；決定生小孩的那一刻，也是很重要的轉折點，」娑兒向我強調。

在外人眼中，娑兒是職場女強人，擔任過都市規劃師、律師、私校教職員、研究計畫主持人等要職。但她的職業生涯並不走薪水更高、辦公室更大、頭銜更嚇人的傳統路線，因為她的目標並非在職場階梯上步步高升。她一向以全面的角度來看人生，而不是只看幾個點和幾條線。人生中需要做出重大決定時她總是自問：「我是誰？現階段的工作狀況是否符合我的初衷？」

這並不表示，娑兒在工作上碰到的轉折點都是正面的。拿她第一個轉折點來說，牽涉層面既廣且雜，讓當時還是大學生的她十分煎熬。

婆兒說：「打從小時候起，我就想當建築師，如願進到大學讀建築系後，我以為前途一片光明，只需跟著標準道路往前走，就能出人頭地。」

這樣想並沒有錯，可惜後來出現了看似不重要、卻很關鍵的問題，「讀完第二年後，我發現自己根本沒有設計天分，」建築概念、理論、技術這些方面她都懂，也具備基礎的技巧和創造力，不過，「我就是達不到專業建築師的層次，」她說。

回到起點

有了這番領悟，她不得不重新探索自我，從人生各方面檢視自己究竟是怎樣的人，進而開闢出一條全新的道路。這段自省的過程花了一年多的時間，她休學、到餐廳當服務生、上一些有趣的課程，權衡自己有哪些選擇。她認清楚自己的「內在規劃」後，總算站了起來。

她仔細思考自己有哪些長處，從事哪些專業技術能為她帶來幸福感，也就是把重點放在真實的自己，而不是想像中的自己。最後，她決定當個都市規劃師。這個轉折點蘊藏著龐大的正面能量，激勵她不到幾年就完成大學學業，並在賓州大學取得都市規劃所碩士學位。

「現在回想起來，那段過程雖然辛苦而漫長，卻反映了遇到重大抉擇時，我大多數時候的態度，」娑兒說。

「每一次遇到人生的轉折，我都會回歸最基本的問題：我是誰，再決定該怎麼處理，」這時她露出燦爛的微笑，想到都市規劃師有句行話拿來比喻正合適，「我們在進行土地測量時，會先從一個起點測量建築物周邊長度，再回到剛開始的地方。測量表的最後一行是：回到起點。對我而言，回到起點代表了一件事的完成，也代表一件事的全新開始。這樣想，就覺得好滿足！」

04

平衡木上的雜耍人生

時程如刀劍懸在心頭。
時間或早或晚，
決定了每件事。
正如沙漏般，
時間終究流逝而過。

時間的重要性，誰都不敢低估。

不管是《財星》五百大企業、非營利團體，還是小鎮麵包店，時間是每一個組織最重要的資源之一。時間管理是每個人都該學習的必要技能，哪怕你是執行長、社會工作者、ＩＴ經理，還是蛋糕師父，不懂得有效管理時間，就別想要成功。

從個人層面來看，時間管理更是必要，因為企業可以永久經營下去，人卻沒有辦法。企業隨時可以招兵買馬，卻沒人能替我們過活。當然，為了節省時間，有些工作可以請人代勞，尤其是我們不喜歡做或跟目標不合的事情，畢竟誰都不喜歡洗衣服、燙衣服，所以我們拿去洗衣店處理。

省時的做法效果終究有限，畢竟，我們沒辦法找人幫我們上班，也沒辦法從中得到成就感。況且，有些事情我們做起來自得其樂，沒道理請別人來做。

做任何事都需要花時間，該如何妥善管理，是經營人生志業的一大挑戰。生活中的需求與渴望那麼多，家庭、工作、社區、朋友、嗜好等等，如何面面俱到？如何才能一方面樂見明天的到來，同時朝終身願景邁進？

對很多人來說，工作與家庭是生活中最需要耗費時間的，我也不例外。家庭在我的終身願景中占據了很重要的角落，我經常撥出時間與家人相處，對我的日常工作也有影響。這些道理我一直都懂，但這本書寫到一半的時候，剛好發生一件事，讓我更是深深體認到，在時間極為有限的情況下，要面面俱到，實現終身願景，實在是難上加難。

出錯的雜耍表演

二月某個寒冷的週六凌晨四點。太太珍妮佛叫我：「艾瑞克，快起床！」她的語氣既篤定又害怕，是我從沒聽過的。「快叫救護車，」她顫抖地說。珍妮佛懷著我們的第二個兒子，現在才二十五週，羊水就破了，比預產期早了十五週。我從睡夢中突然被叫醒，雖不知道發生什麼事，但直覺告訴我，肚子裡的小孩有危險。

那一天之前，我的家庭與工作兩得意。珍妮佛原本是小學老師，現在專心在家照顧小孩，很享受全職媽媽的角色。三歲的丹尼爾活潑健康，是爺爺奶奶、外公外婆的開心果，而且大家都住得不遠。

工作方面也很順心，我的公司艾克斯生意蒸蒸日上，讓我有機會與傑出的人士與企業共事。其實幾天前我才去了一趟拉斯維加斯，花了很長時間幫兩家上市公司居中協商，最後順利促進雙方結盟，外界稱這次合作對雙方都是歷史性的一刻。

家庭、工作、寫書，加上其他個人與工作上的責任與目標，我忙得不可開交。話雖如此，我向來跟厲害的雜耍藝人一樣，擅長同時處理好幾個挑戰，時間也管理得很好。雖然行程表滿檔，我還是覺得凡事都在掌控之中。但從那天半夜的那一刻起，生活頓失平衡，我的雜耍表演出了錯，掌控權從我手上被奪走。

被珍妮佛叫醒後，我度過這輩子最漫長的三十分鐘，救護車總算趕到醫院，把她推進醫院急診。火速檢查後，醫生表情凝重地解釋，小孩的重量不到一・五磅，珍妮佛隨時有可能會生，大多數發生這種情況的孕婦，通常會在七天內分娩。如果小孩真的提早三個月出生，需要靠呼吸器才能維持呼吸，我們也阻止不了。幾位醫生都表示，珍妮佛需住院觀察，直到小孩出生才能放心。

珍妮佛從急診室被送往一般病房途中，護士小姐察覺到我們的恐懼與困惑，為我們加油打氣，要我們眼光往前看，小寶貝待在肚子裡的每一天、每個小時，都應該感恩。那是我們聽過最寶貴的建議。

蠟燭兩頭燒

不知不覺中，我們家展開了一段未知旅程。有兩個月的時間，珍妮佛必須整天躺在床上，同時接受檢查，竭盡所能地避免分娩。

剛開始，我們也不知道能不能度過難關，但謝天謝地，小兒子在媽媽肚子裡又乖乖待了六十一天。連醫生都說稱得上是奇蹟。

住院頭幾天，我的印象一片模糊，只感覺前所未有的恐懼。在恐懼感的籠罩下，事業、買房和寫書計畫等等，以往專注的事情變得毫無意義。我現在全心全意照顧老婆與兩個孩子，一個還待在媽媽肚子裡，另一個星期六早上醒來，卻發現竟是奶奶在幫他做早餐，爸爸媽媽不見了。

一直到星期一早上六點，原本應該搭火車上班的我卻在醫院，這才驚覺，未來這陣子不管是長是短，我都有必要重新思考怎麼安排時間，更別說情緒和心思怎麼調適。

我的生活頓時天翻地覆，工作、家庭、許許多多個人與職場目標，原本經過我仔細盤算，維持很好的平衡，現在必須重新考量，好撐過這段過渡期，至少幾個月。我的渴望與需求變得相當集中，大部分時間與精力都要留給珍妮佛與丹尼爾，我每分每秒都希望陪在珍妮佛身邊，以為這樣可以避免早產，就怕我人不在時有什麼閃失。

另一方面，我還得父代母職，照顧丹尼爾的日常起居，負起接送他參加其他小朋友的派對，以及陪他邋鞦韆的責任。這些事不能不做，但這樣一來，我就沒有精力跟心思處理其他事；任何事情都沒有家庭重要。

重新拾回平衡

遇到這種狀況，處理的方式有很多，客觀來看，許多方式也都很合理。比方說，我大可睡在家裡，白天到醫院陪珍妮佛。理論上，我可以一天在醫院、一天到辦公室。真要安排的話，應該也想得出如何不放棄其它事項，也能維持正常生活的方法。但是對我而言，只有一個做法最好、最適合，也就是全心照顧珍妮佛。

於是，第一天晚上我就搬進醫院，在珍妮佛的病房裡放了一把折疊椅，當作臨時床鋪。夫妻兩人展開了全天候的安胎任務，讓珍妮佛躺在床上，盡可能延緩分娩時間。這段期間我們每天住在病房裡，對於時間的消逝心存感激，希望分娩時間來得愈晚愈好。

剛開始忙著適應時，我的時間表根本容不下工作。我沒時間看電子郵件，也沒時間跟公司聯絡，把公司營運交給合夥人寇克。隨著時間一天天過去，我習慣了新的生活模式，才又投入工作。

我在醫院自助餐廳角落占了一張桌子，帶上筆記本、筆記型電腦，還有兩支手機，把這裡當成辦公桌。我請員工從曼哈頓來郊區的莫利斯頓醫院開例行週會，以手機或電子郵件聯絡客戶。除了公司同事，我幾乎沒跟其他人開會。我沒有待在醫院的時間，幾乎全給了丹尼爾，帶他上、下幼稚園，往返於爺爺奶奶、外公外婆家，去遊樂場玩或去吃他最喜歡的披薩，讀睡前故事給他聽。

這種工作、生活不平衡又無法掌控的日子，過了好一陣子。想來雖叫人害怕，其實很溫馨，所幸平安收場，麥克撐到了三十四週才出生。老天爺保佑，我們一家人安然度過這六十一天。珍妮佛、丹尼爾、麥克母子三人健康平安；爺爺奶奶、外公外婆的生活回到正軌，也替我們高興；公司運作順利，沒有因為我的缺席而受到太大影響。

經過一陣子的適應，我們的生活又重新拾回平衡。（好吧，我承認家裡有第二個小孩，生活畢竟不一樣。我開始體會為什麼有人說：小孩多一個，工作多兩倍！）我也回到以前的雜耍模式，同時間處理例行事項，一邊應付家庭與工作的外在挑戰，一邊繼續追求我個人與事業上的內在目標。

。。。

人生要經營得充實，生活有幸福感、工作有成就感，必須要能妥善安排時間。當然，人生在世時間有限，我們終究有離開的一天，但每天都只有二十四小時，所以該怎麼做最妥善的運用，成了人生最大的課題之一：

- 人的本性與抱負有許多面向，該如何分配時間經營？
- 我們安排時間的方式，讓我們有成就感還是覺得不滿意？
- 我們安排時間的方式，是否幫助我們實現最重要的需求與渴望？
- 發生事情時，我們是否只會被動處理，無意間揮霍了寶貴的時間？

這些問題如果還不夠嚴重，那麼請記住，時間並非唯一有限的資源。人的體力與精力都有限，不管是工作、騎越野車、教小孩算數學、整修房子、熬夜看體育賽事或選秀節目，都需要體力。情緒與適應力也有限制，不管是應付冥頑不靈的老闆、照顧生病的父母、準備證照考試，還是努力遵守新的節食計畫，都是如此。當然，我們的財務資源也有限。

構思戰術，邁向目標

幾年前，曾任加州教育局局長的萊絲（Bonnie Reiss）跟我分享了一句諺語：「要讓上帝哈哈大笑，只要跟祂說你做了計畫。」我很喜歡這句話，它提醒我們，人都喜歡規劃生活、安排時間，但不要期待會有太多成果。這句話的含意是，人生難以逆料，不應該一廂情願以為時間與精力都在掌控之中，永遠不會出錯。我經歷搶救兒子的體驗後，實在再認同不過了。

然而，如果完全以這個觀點過生活，未免太被動，發生事情的時候，也不會想努力善用機會。再說，我們所做的每一分努力，並不見得都會被上帝嘲笑。所以我提醒自己，「難以逆料的事情」是轉折點，而且如霍華所言，若能把眼光往前看，思考如何因應人生中的轉折點，就能節省時間與精力。

換句話說，經過「深入思考」後，我們在決定如何投入時間與個人資源時，就能做出比較好的安排。儘管人生不見得都能照原定計畫進行，但制定計畫可以幫助我們站穩腳步，在事業上用最妥善的方式投入時間與精力。正因為如此，霍華才會認為每個人一定要勾勒出終身願景，透過這張全景圖，才能看到我們走到人生盡頭時，理想的自我是什麼模樣，理想的生活又是如何。

然而，霍華提醒每個新手創業家，「制定策略只是起步。大方向的策略告訴你目的地在哪裡，細部操作的戰術才是你要開的車。事實上，要到達目標的路有很多，要走哪一條，需要從戰術面著手。」

戰術面的決定都很困難，包含要投入多少時間、精力、金錢，挑戰性非常高。

還記得阿波羅十三號的太空人嗎？從某個角度來看，他們的任務其實很簡單，因為他們只有一個明確目標，沒有模糊空間，也沒有其他目的地與路徑可供權衡，可使用的戰術有限，選項相當清楚。對於生活在地球的我們，日常生活所面對的選擇，重要性比他們小太多了，但對我們個人事業卻有極為複雜的影響。如何安排時間與付出精力（包括體力、情緒、心思），選項何其多，有時候要從中選擇實在很困難。若要做到沒有缺憾，就更難了。

把平衡當成動詞

許多人會說，這就像在工作與生活之間取得穩定而舒適的平衡點。這句話要是被霍華聽到，他可能會嗤之以鼻。

他說：「當我聽到別人說要為生活找到平衡點時，我總認為他們常常把人生當作靜態的，好像人生的各種面向會乖乖站在那裡，兩隻手個別撐起二十磅重的重要事務，雙腳穩穩地踏在同一處。這對不動如山的雕像，或許還能成立，但哪有人不動的？大家都會想辦法往前走，在前進的過程中，各種目標與重要事項的相對重量會一直改變，更別說人生的潮流趨勢也會跟著漲退，沖走腳底下的沙。」

「我們要把『平衡』當作動詞，而不是一成不變的名詞，」霍華說。

「所以……」有天，我發現他受不了別人講到平衡話題時問：「如果說平衡太靜態了，那用什麼比喻比較好？怎樣才能捕捉到修練人生志業的挑戰性？」

他想了一會兒，露出大大的微笑，說：「就像在奧運比賽耍雜技，手中拋著雞蛋、網球、刀子，邊耍還要邊走平衡木。」

「這樣比喻很怪卻很貼切，」我回說：「為什麼這麼說呢？」

他說：「因為日常生活的細部決定要下得好，必須像雜耍一樣，邊思考邊處理許多事情。除了必須心無旁騖，平衡感也要好，還要有勇氣一步步往前走。難度超高，就像人生一樣。」

這個比喻不容易懂，拿來描繪錯綜複雜的人生卻很傳神，也精準傳達了職涯路：我們面對的挑戰有大有小，重要性有高有低，時時出現微妙轉變，後續產生的影響也不一樣。

每天的生活就像走在平衡木上耍雜技。以年輕爸爸來說，如果想在專業領域做出成績，下班後需要花很多時間跟同事或客戶社交。他想找到需要與渴望之間的平衡點：一方面需要累積工作上的人脈資本，一方面又渴望直接回家照顧家人。某位企業新手主管長時間工作之餘，又去上ＭＢＡ課程，但也希望多了解未婚夫的親朋好友，努力走在事業平衡木上不掉下來。

張三爭取到相當重要的專案，必須出差兩週。這表示他會錯過兩次輔導小朋友的機會，可能會讓小朋友很難過。張三的同事一樣有參與專案的機會，但她發現這樣就無法參加地方劇團表演，必須放棄好不容易爭取到的女主角戲份。另一位體重過重又有家族糖尿病史的同事也有機會參與專案，但他知道這兩週若跑來跑去，好不容易養成的飲食與運動習慣，這下一定泡湯了。

老鼠賽跑

追求夢想、實現自我常會帶來壓力，既傷神又累人，在目前社會與自我要求都高的氛圍下尤其如此。

收到朋友簡訊或客戶信件時，你一定要立刻回覆；而妳也自我要求做最好的媽媽、太太、姊妹、女兒、會計師、瑜伽學生、教會烘焙義賣會籌劃人，無時無刻都不鬆懈。這讓我想到女演員湯琳（Lily Tomlin）說過一句名言：「參加老鼠賽跑的問題是，即使贏了，你還是一隻老鼠。」

我們面臨的挑戰是：如何經營多面向的人生志業，朝終身願景前進，避免陷入這類無意義的老鼠賽跑中。

不管是家裡出現重大危機，還是單純想過充實人生，每個人都必須培養平衡和一心多用的能力，才有工作幸福感可言。因此，等我太太跟小兒子出院，工作與寫書計畫重新上軌道後，我跟霍華有好幾次就聊到這一點。

我們有次邊走邊聊，又講到平衡木上耍雜技的比喻。我問：「平衡木上雜技耍得好，會是什麼樣子？我們一步步走在事業平衡木上時，怎麼知道自己是否做對了？」

「簡單說，如果平衡做得好，你的體力、情緒、心思、財務都會維持在舒適狀態，每個油缸備滿足夠儲量。反過來說，如果某

> 事業上，不需要贏得每場比賽，
> 贏得對自己真正有意義的比賽，
> 就是幸福。

個油缸空了，只能靠其他油缸來支撐，那就是做錯了。

「我並不是說每個油缸隨時都要裝得滿滿的，相反的，在很多情況下，某個油缸可能會短暫缺油。就拿我來說好了，我心臟病發後有一陣子體力很差，但生活還是平衡得很不錯，因為我的情緒油缸與心思油缸都是滿的，可以支持我直到恢復體力為止。」

「那耍雜技呢？」我問。

「廣義來說，雜技耍得成功，表示人生的不同面向經營得當，繼續朝著終身願景邁進。也就是成功拼出我們想要的人生全景圖，從中得到一般程度的幸福感。」

幸福不需滿分

他停下來，把最後幾個字重述一遍，確定我聽出箇中道理，「一般程度的幸福感是說大部分時間都很幸福，不是永遠如此，也不是滿分的幸福感。這一點很重要，因為人生總是有起有落，若想要時時擁有百分百的快樂與幸福感，那肯定會失望。所以我不會期望每分每秒都快樂，只要幾乎每一天都有一段時間快樂就好。事業上，我不需要贏得每場比賽，只要贏得對我真正有意義的比賽，就是幸福。同時，要能感覺到我的前進方向大致正確，正朝終身願景邁進。」

我後來去開了幾個會，結束後發現霍華寫了封信給我：

接續今天的話題……十九世紀畫家竇加（Edgar Degas）曾說：「有一種成功跟恐慌沒兩樣。」我們常常把「成功」人生的慌亂步調當作藉口，以為這樣就不用花時間思考犧牲了什麼。我們很拚命、跑得很快，有段時間會感覺良好，但跑到一定程度便開始納悶：「我在瞎跑什麼？」

有一個方法可以知道你在平衡木上耍雜技成不成功，那就是你實際花了多少時間，坐下來思考投入時間與精力的原因，以及希望達成什麼目標？

。。。

霍華的比喻在我腦中盤旋了好幾天，那個星期我們一起吃午餐時，我請他再深入解釋，「我們上次討論到一心多用與平衡，你說人生有好幾個自我與面向是什麼意思？」

「好，」他邊說邊抓起一把黃色糖包，在桌上排了七個，「人生中有好幾個自我，每個糖包代表一個自我。大部分人都是同時扮演其中幾個自我，每個人的比重不見得一樣。」

七個自我如下：

1. 家庭自我（包括父母、小孩、手足、姻親等）。
2. 社交自我（友情與社區事務）。
3. 心靈自我（宗教、哲學、情緒等）。
4. 身體自我（健康與安適）。
5. 物質自我（居住環境與你擁有的事物）。
6. 業餘自我（興趣與非工作相關的活動）。
7. 職業自我（包括短期與長期兩方面）。

（各位可以發現並沒有「財務自我」這項，因為不管哪個自我都需要金錢。）

「對每個自我都要問三大問題，」他說：「我想成為怎樣的人？我希望在這個自我投入多少精力？這個自我跟其他自我的關聯性有多重要？知道答案後，就能幫助你決定該同時專注在哪幾個自我。」

「再決定放多少個人資源在每個自我裡，對不對？」我問：「這就又回到平衡的過程了。要根據你分給每個自我的相對重要程度，妥善配置時間、精力、金錢，對吧？」

持續微調資源分配

霍華點點頭，「這是不斷循環、同時前進又微調的動態過程。有時可以訴諸直覺，就像我們走在街上，肢體會下意識擺動，才不致失去平衡；但有時，當我們面臨新的處境，或失去平衡會面臨嚴重下場時，就需要靠意識的幫忙。舉例來說，假設你在爬山，路面很崎嶇，你往前看了看對自己說：『好，下一顆大石頭朝我的方向傾斜，所以我要往前傾，然後立刻側身把重心轉到右邊那塊平滑的大石頭上。』」

「了解，」我繼續說：「七包糖包代表自我，那面向呢？」

霍華這時拿起一堆藍色糖包，排在代表不同自我的黃色糖包底下。有些黃色糖包下面只有一個藍色糖包，有些則有好幾個。他解釋說：「每個自我可以有好幾個面向。比方說，我可以在家庭自我這一項放好幾個藍色糖包，代表父親、丈夫、爺爺、姊夫等。同樣的道理，社交自我可以擺進好友、同事、組織委員等角色。」

「還算充實的人生，應該會有許多藍色糖包才對，」我說：「這麼多東西要多工又要平衡，排列組合的可能性無限多。」

「人生就是這樣才好玩、才有挑戰，」他回說，迸出一聲苦笑。

如何一心多用？

我們繼續聊著，把眼前黃色與藍色的糖包當成了人生不同的自我與面向。談到身體自我時，霍華說我們兩人都需要多運動；講到業餘自我，霍華在這方面可是多采多姿，我則是乏善可陳。

關於職業自我的面向，他提到一個特別令人玩味的觀點，「平衡木上的雜耍人生大部分被日常工作所占據，這用膝蓋想也知道。大家都沒注意到，除了日常工作之外，職業自我還有其他面向，代表了我們希望施展的專業技能，把範圍擴大一點，也可以代表我們感興趣的不同專業領域。」

短期而言，如果決定要學習某種技能，或拓展專業領域，這些面向就成了一心多用的內容。舉例來說，想在職場更上一層樓，可能需要取得特殊的軟體證照或會計師執照；若只是想提升溝通能力，去上課學演講技巧就好。

有時候你想加強既有技能，需要花心思改善某個弱點，例如想提高組織能力、克服害羞的習性，或是更有效率的管理工作時間，也需要形成新面向。

在討論職業自我的這些面向時，霍華特別強調，重點不只是我們花了多少時間，「而是在現階段工作與職涯規劃中，知道你想成為什麼樣的人，需要納入什麼面向，然後把個人資源花在上面。」

認識自我，就像剝洋蔥

職業自我的長期規劃也很重要，包括你希望這輩子涉足多少行業。霍華說：「以前的人選了一行鑽進去，一輩子就沒離開。現在很多人還是這樣，生活依舊快樂，工作照樣有勁。

「但隨著經濟與社會的變遷，轉換跑道的現象愈來愈多，有些人是迫於情勢如：產業規模變小或消失，有些人則是出於自我選擇。人們逐漸想擁有多種職業技能，若要做到游刃有餘，把障礙物減到最少、冤枉路縮到最短、幸福感維持得最長久，就要懂

> 人生最後的得分，
> 不在於走得多快多遠，
> 而是在過程中有多享受。

得預測轉換跑道時該做好什麼準備。如果仔細規劃，逐步投入時間精力，未來就能有大收穫。前提是，要先思考你的職業自我有什麼面向，才有辦法做短期規劃，在現階段做選擇。」

霍華在職場打滾了四十年，當過商學院教授、大學行政主管、企業主管，基金經理人與投資人、慈善家、作者。這六個角色雖迥異卻互有關聯，有時他兼任幾個角色，有時則循序漸進。選擇這些工作，是基於他深知自己在工作和生活上想成為什麼樣的人，想要發揮或培養哪些技能；轉職時該如何投入時間精力、何時投入，他都是謀定而後動。

霍華解釋說：「職業自我的面向有短期有長期，都必須放進終身願景整體考量。這聽起來好像廢話，但很少人初入職場就能搞懂自己有興趣的工作，熟悉每個面向。對大多數人而言，這個過程就像是剝洋蔥，職場經驗愈豐富、愈了解自己之後，才會看到更深一層。所以說，我們要以開放的心態看待這個發掘過程，不斷了解自己，不論在勾勒終身願景時，或決定該多工處理哪個面向時，都要把新的自我認識考量進去。」

把挑戰變成細項

午餐吃到最後，服務生端來兩杯拿鐵，看桌子上幾乎擺滿糖包，將糖包一一收回盒中，挪出空間放咖啡杯。「先不要動，」霍華一邊對他說，一邊把糖包擺回原來的排列組合，「杯子放在旁邊就可以了。」

等服務生離開後，我狐疑地看著霍華。

「還有一個重點要講。服務生剛才做了最好的示範，」他喝了一大口拿鐵，「要是看不出每個自我跟面向的不同，就沒辦法決定如何一心多用最合適。每個自我跟面向有時雖互有關聯，但還是不同。

「人常常會掉入一個陷阱，喜歡把每個東西化零為整。這樣一來，需要決定怎麼分配時間與精力時，工程變得太浩大，不但讓人無力招架，也沒有效果。」

「剛好是俗話『見樹不見林』顛倒過來，變成『見林不見樹』。找不到樹與樹之間的路徑，只看到一大片黑壓壓、走不進去的森林，」我接著說。

「說得好，」他說：「在日常生活中，我們常把所有挑戰牽扯在一起，看成高不可攀的單一問題，所以會覺得快要摔下平衡木，或者手上抛接的東西隨時會掉下來，這時一定要把挑戰化整為零，分成細項，才不會覺得無法招架。

「我在花時間這麼分析時常會發現，稍稍改變運用個人資源的方法，就會對整體幸福感有很大的影響。」

。。。

走在人生的平衡木上，每個人都必須一邊抛接雜耍、一邊保持平衡，努力把各式各樣的重要事項、渴望與需求處置好。有些事項好比網球，抛接起來相對容易，就算不小心漏接，負面影響也不大，我們只需擔心一次要處理幾個就好。有些事項好比雞蛋，好掌握卻很脆弱，一次不能抛接很多顆。偶爾，我們也會抛接到利刃、保齡球，或是水晶花瓶，情況就更有趣、更具挑戰性，甚至叫人害怕了。

了解你是什麼樣的人，包括：各種「自我」與「面向」，才有辦法在一心多用時，做出明確而有效的決定。這不是一輩子僅此一次的過程，你不能說：「我已經想得很透徹，只要踏上平衡木就萬事ＯＫ。」

時間、精力、腦力、情緒的管理是個動態過程，你沒有辦法啟動自動導航模式，一切就會水到渠成，也不能有不切實際的預期。

一心多用的功夫要做得好，需要制定清楚明確、以終身願景為依歸的選擇，一方面決定要拋接什麼東西，另一方面決定走在平衡木上要採什麼步法。人生最後的得分，不在於走得多快多遠，也不在於我們手上拋接多少東西，而是在過程中有多享受。

人生實踐家

歐布萊恩

我累壞了。

倒不是我自己身心俱疲，而是替別人覺得好累。

什麼原因呢？我剛剛跟歐布萊恩（Soledad O' Brien）聊完天。歐布萊恩是重量級的獲獎新聞主播與特派記者，她同時是紀錄片導演、作者、妻子、四個小孩的媽媽和慈善家。換做是別人，上述任何一項身分可能都需要全職經營，但她就是有辦法身兼數職。她是怎麼做到的，我也不曉得。

我的行程排得算緊湊，以前自己總覺得頗為得意，但看過她的時間表之後，才知道什麼叫行程滿檔，從早到晚密密麻麻，光是想像她忙起來的模樣，我就累癱了。

正好有機會跟她閒聊，我有好幾個問題想請教她。例如：具澳洲、非洲、古巴血統的她，從小在白人居多的長島郊區長大，有何感受？她報導過卡崔娜颶風、南亞海嘯、中東戰爭等重大新聞事件，有什麼心得？她和先生布萊德創辦基金會，協助年輕女性克服困境，發揮潛力，她對基金會又有何看法？

轉換視角，取得平衡

我知道她時間寶貴，只好把問題濃縮成最重要、也最顯著的一個：她的生活這麼多采多姿，她是如何一心多用又不會覺得快瘋掉？她先生布萊德本身也是非常忙碌、成就顯赫的投資銀行專家，面對這麼多的責任，他們如何取得平衡，做好工作、當好父母，同時善盡社會責任？

「我覺得，平衡跟我們如何看待世界有關。如果人們懂得珍惜機會或特權，比較不會浪費時間和精力。把自己所擁有的事物跟別人比較，常會覺得自己其實幸福多了。這是我父母灌輸給我們的觀念。比方說，以前我們家去度假，住在高級旅館，爸爸都會特別開車經過服務人員居住的區域，讓我們知道不是每個人都能過這樣的生活，因為他們的協助，我們才能住得舒適。如果我們找一天到紐約購物，他會先帶我們去窮人聚集的包厘區（Bowery），讓我們知道許多人沒機會穿新衣服。

「布萊德跟我也努力做到這點，讓小孩子知道不是想要什麼就能得到。到海地報導震災時，我把小孩也帶去，是希望讓他們知道，世界上跟他們同年齡的小孩生活非常困苦。透過這樣的體驗，我們知道車子拋錨不是危機，失去物質享受不是危機，遇到海嘯才是真正的危機。」

妥善運用時間才是關鍵

「我也相信，維持平衡並不只是你花多少時間在什麼事上面。時間怎麼運用、運用得好不好，才是重點。我母親以前的工作是全職教師，還要養育六個小孩，在家的時間比我還要多很多。但跟我父母比起來，我專心陪小孩的時間反而更多。有時候是全家人一起玩遊戲，或在地板上打打鬧鬧，有時候是特地跟某個孩子一起活動。

「比方說，弟弟喜歡到附近醫院陪生病的小朋友，哥哥喜歡打棒球，妹妹喜歡坐在我們大腿上聽故事，這些我們都會照做。我們也會安排特別的親子時間，布萊德有時會帶兩個女兒去度週末，我有時也會帶兩個兒子出去玩。這些安排是我們的家規之一，幫助我們專心經營家庭生活，即使有時候事情真的很多，我們也一定會遵守。」

我問她說，他們的生活這麼多采多姿，要處理得面面俱到，還有哪些家規。她想了一會兒，笑說：「家規一，為了小孩，父母遇到問題一定要穩住，不能同時崩潰。不管事業出現什麼難關，絕對不會讓小孩受到影響。可以跟他們分享問題，但不會讓他們感受到壓力。如果布萊德跟我同時覺得遇到重大挑戰，我們會先停下腳步，討論由誰來扮演正面積極的角色當後盾。

因為承諾，所以堅持

「家規二，我們有個共識：沒有解決不了的問題，沒有化解不了的歧見。如果把眼光放遠，不單看今天或明天，就能更了解這點。但你可能會問：『影響一年、十年後的決定又該怎麼辦？』這就動用到另一條重要家規：每個人都有投票權，沒有人需要犧牲。

「做重大決定時，我們每一個人都有權利表達意見。每一個人都有快樂的權利，有權利說『這對我真的很重要』，家中其他成員要接受這點。正因如此，布萊德或我常得放棄自己想要的事物，成全對方，這也表示對方會有一段時間不以家庭生活為優先。

「全家都知道，當重大新聞發生時，我必須放下手邊所有事情專心報導，因為工作對我真的很重要。

「最後一個家規是，說到就要做到。不管承諾是大是小，需要幾分鐘或是好幾天完成，如果你同意做什麼事就一定要做到。家人如果知道你可以依靠，生活就會比較穩定，你的人生也就更加平衡。」

語畢，她停了一下，說：「你剛問我，我為何要把行程排得這麼嚇人？如果答案只能有一個，我會說，那是因為我對大家、組織、家人，以及自己都有承諾。達到這些承諾，對我非常重要。我可能沒辦法一輩子都像拚命三郎，但只要還辦得到，我就會堅持下去。」

05

衡量價值

如果你真正想喝的
是柳橙汁，
有必要榨出
一大缸葡萄柚汁嗎？

在崇尚成就的社會，愈來愈多人認為，只要肯做，就能成就許多事，不應自我設限。因此，就算知道每天的時間有限，我們還是深信（起碼在潛意識上）每天、每月、每年能完成的事應該愈多愈好。我們對自己說，拜科技產品之賜，我們有能力完成更多事，只要懂得多工進行，所有目標就一定能完成。

這並不是網路時代獨有的現象。文化不會因谷歌的成立、iPhone的發明突然轉變。「不多做就不充實」的觀念已經醞釀好幾十年，科技不過把它發揚光大罷了。

霍華常常思考這種「還能做更多」

的文化現象，尤其是這種文化影響到他的學生，他們在職涯上都極具企圖心。這也是他在《八分滿的幸福》(*Just Enough*)一書探討的重點之一。

他與合著者納許(Laura Nash)透過大範圍研究，檢視高成就者如何設定職業、財務與個人的目標，並在《八分滿的幸福》中探討為何大家想做這麼多事，而且每件事都要求完美，這樣會帶來什麼風險與陷阱。他們認為，之所以會形成「還能做更多」的心態，主要導因於「名人文化」。

別想每件事都能滿分

名人文化把成功美化了，新創下的成就尚未被讚許，就立刻成為下次超越的標竿。希臘神話中，薛西弗斯(Sisyphus)想把巨石推上山頂，每次快抵達山頂時，石頭就會滾下山；受飢餓之苦的坦塔羅斯(Tantalus)伸手卻怎麼也採不到果子。

結合這兩則神話，成了現代的名人文化：我們無時無刻想追求更多目標，但想要的東西怎樣都拿不到，努力不懈往山頂推進卻是做白工。把事情做得不錯、守本分度日、大多數時間過得快樂，似乎永遠不會出現在名人文化的思維中。因此，《八分滿的幸福》指出，現代人覺得自己一定要無所不能，才算有個交代。

「除此之外，我們很愛比來比去，搞得自己烏煙瘴氣。不管從哪個衡量標準來看，永遠有人比我們優秀、漂亮、多金、更會運動、更風趣；或是擁有更好的家長、更忠誠的配偶、更美滿的人生。如果用名人文化的標準來評分，比賽還沒開始，我們就輸了，」霍華說。

我當然無法免於名人文化的衝擊，潛意識中不時冒出「做得不夠好、做得不夠多」的想法。太太在醫院待產的那兩個月，我甚至成了名人文化的受害者。

打從一開始，我就決定把時間精力集中在珍妮佛、丹尼爾跟肚子裡的麥克身上。他們最重要，其他人事物擺兩旁。儘管如此，當事情做不完時，我還是會覺得氣餒焦躁，心想，如果多努力一點，如果再有效率一點，或許能完成更多事情。

我的焦慮部分來自撰寫這本書，因為這是我對霍華的承諾。儘管醫院的夜晚十分寂靜，大可以專心寫作，但我就是提不起勁，心思和情緒只能承擔起丈夫的角色。

住院期間我跟霍華通電話時，無意間流露心急又焦慮的情緒。電話上我沒多想，為寫書的進度落後向他道歉。我說：「我知道現在不該想寫書的事，也沒必要懊惱，但我還是覺得很抱歉，我實在不想讓你失望。」

「我知道，」他語氣平和地說，完全諒解我的處境，「你這個人啊，做很多事都能做得很好，很容易不自覺地陷入應該把每件事都做好的心態，即使遇到現在這樣的突發狀況也不例外。所以，我現在跟你說清楚了，」他故意放慢速度，加重語氣說：「不要把你的焦慮浪費在我身上，也別想每件事都得滿分。」

明白能力終究有限

「怎麼說？」我問。

「艾瑞克，我知道這道理其實你懂，不過每天生活忙忙碌碌，難免會忘記，我就再提醒你一次，」他說。在我們邊走邊聊的時候，這個主題其實已談過不只一次。

「學生是有可能每科都拿到A。畢竟，學校的評分制度是人為設計的，只要投入合理的時間和精力，聰明的學生就能拿高分。但人生不是教室，不可能每天在每個領域都拿到A。人生實在太複雜了，有太多變數無法掌控。就好比我們沒辦法同時出現在兩個地點一樣，這可以說是宇宙的物理定律。」

他笑了一聲，繼續說：「想達到設定目標，非得改變根本的時空定律才辦得到，這對衝勁十足的人來說，實在太挫折了。」

霍華這番話的確讓我想起自己好幾次想複製分身，在四點五十九分到五點之間再擠出兩小時；或是練就心電感應的功夫，同時跟家人、同事、朋友溝通。我想起朋友亞當斯（Warren Adams）的一句話。身為創業家、社群媒體始祖的他，早已是成就顯赫的有錢人，他曾對我抱怨說：「我每天早上醒來都會想，今天我又會讓誰失望了。事情這麼多，時間有限，哪有辦法樣樣處理？從這點看來，我跟二十六歲的研究所畢業生和四十三歲的全職媽媽處境差不多。」

霍華在電話另一頭繼續說：「我們要認清事實，人就是沒有辦法同時把所有事情做到最好，沒辦法同時實現所有目標，滿足所有渴望。愈早認清這點，就愈不會浪費時間精力，拚命想做不可能的事。明白我們在追求工作與生活理想的能力有限，才有可能獲得幸福。」

他的口吻像個慈父，繼續說：「在丈夫跟父親的角色上你用心經營許久，我給你A⁺的成績；工作方面，你的公司經營順暢但不求有大報酬，我給你C⁺；就算現在沒看到你本人，我也猜得到你沒好好保重

> 人生不是教室，
> 不可能每天在每個領域都拿到A。

身體，你聽起來很疲憊，我打賭你有一陣子沒踏進健身房了，所以只能拿D；最後是兒子、朋友、作家的角色，我給你評『未完成』。你現在沒有時間精力管這麼多，等生活恢復正常，不怕沒有補考的機會。」

A^-人生

我沉默不語，消化這番話後，問：「你希望你的人生能拿幾分？」

「嗯……好問題，」他想了一下：「大致上來說，我不要求在每方面都拿A^+。人生很少有非拿到A^+不可的時刻，要做到那麼完美，需要全神貫注，絲毫不能鬆懈。你現在就在經歷得A^+必須付出的代價。」我哼了一聲同意他的說法，腦海想到，當個A^+先生與A^+爸爸是犧牲其他事情換來的。

他說：「我倒希望各方面的得分平均都很高，不希望有哪一方面不及格。如果我願意接受不及格的成績，乾脆一開始就別做這件事了。」

他停頓一下接著說：「整體來說，如果把人生各個面向的長期分數平均下來，我希望得A^-或B^+。這是有意識的決定，因為一個健全而平衡的人，一定會有很多興趣和目標，涉足的領域愈多，分配給每個領域的精力就愈少，反之亦然。」

「所以說，你為了追求更多目標，允許自己不拿最高分，平均分數不錯就好？」我問霍華。

「沒錯。現代社會的壓力這麼大，我覺得大家都應該接納自己拿A⁻或B⁺的分數，」霍華回答。

有捨才有得

「我認識的人當中，有很多人非得處處拿A不可。身為數學家，我可以告訴你，拚到最後永遠不可能樣樣拚到最好。這些人遲早會摔下平衡木，並且漏接手上拋接的東西，」霍華接著說。

「如果下定決心漏接某些東西，就不成問題了，」我指出。

「但這也是問題所在……他們不願意漏接。這些人堅決不讓人生哪方面拿低分，每件事都同樣重要的結果，導致他們選擇不去做決定。」

「所以，人生就幫他們做了選擇，」我幫他把話說完，「他們注定要漏接一些很珍視的東西，如感情生變或是長久以來的夢想無法達成等，他們才會清楚看到後果。」

「你說對了。我們努力在人生各面向拿分數，要拿多少分其實都是在做選擇。經深思熟慮的選擇，才有辦法取得平衡。想處處拿A的人，通常沒有花時間思考這點，不做選擇是要付出代價的，所以……」他聲音愈來愈小，竟笑了起來。

他回說：「其實不好笑，而是不好意思。瞧我在電話上跟你說怎麼選擇的大道理，你應該很清楚做選擇的必要。你現在最不需要的就是聽人說教了，我居然還在碎碎念。」

我說：「不會啦，哪會像是說教。做選擇和學會接受自己的選擇，是兩回事。」

「你說得很有道理，」他回說：「就等你的生活回到正軌再深入談吧。現在你快點掛上電話，出去吹吹冷風，讓腦袋清醒一下。」

。。。

二〇一一年七月，霍華從哈佛商學院的教職退休。他解釋說：「雖然我的油缸還有很多燃料，但七十歲退休對我剛剛好，應該把機會讓給別人。我常常想，人生最重要的課題之一，就是知道自己何時應該下台一鞠躬。現在輪到我謝幕了。」

為了慶祝霍華退休，哈佛商學院舉辦了許多活動，包括成立霍華・史帝文森企管講座席位（Howard H. Stevenson Professorship of Business Administration），這是哈佛的最高榮譽，特地選在他的退休晚宴公布。晚宴中，霍華的親友、同事紛紛向他致上謝意，並談起霍華對他們個人與學校的影響。

哈佛商學院前院長萊特（Jay Light）提到，霍華這麼多年來依舊精力充沛，除了教書、研究、寫作，還創業、經營公司、積極參與美國公共廣播電台（NPR）等非營利機構與環保團體。「霍華永遠活力十足，值得我們學習。」萊特說。

霍華的精力似乎永遠用不完，但他畢竟不是超人，沒辦法改寫時間與空間的定律。他也必須選擇如何合理分配時間與精力（包括體力、情緒、腦力）。我最佩服他的一點是，不論遇上大大小小的困難，他都有一套解決之道。

確定目標，就不會被動反應

舉例來說，幾年前我們家老大即將誕生，我知道當父親之後個人的時間會被壓縮，霍華便提到他剛創業時所做的一個決定。

「當時孩子還小，我成立包波斯特（Baupost）公司（他與人創辦的基金管理公司，經營得相當成功），有段時間我在當父親這個角色的成績只有B⁻或C⁺，不是工作時間過長，就是常常出差，無法積極參與小孩的日常活動。

「情況雖不完美，卻是我跟我太太思考過的決定。因為我們把眼光拉長，希望為家人營造出最好的生活條件。我也下定決心，在家陪小孩時就要全神貫注，把他們排第一，盡可能跟他們互動。我甚至規定自己，不論我在看書、聽音樂，或是打掃車庫，如果小孩要我幫忙修理玩具、陪寫功課，或是聊一聊，我一定會放下手邊工作，二話不說立刻處理。第一時間回應小孩的需求所帶來的情緒價值，遠比做我自己的事要高出許多。」

跟小孩互動還要針對情緒報酬做量化評估，聽起來很公事公辦，似乎沒有人性。但霍華向來是非常重感情的人，他只不過是把自己善於冷靜分析的長處用在人生最重大的挑戰罷了。短期內，小孩需要關注的時候他盡可能配合；長期而言，也要提升自己的工作滿意度，努力使財務無虞。

幾乎每個全職家長都會面臨這樣的挑戰，霍華雖是用量化分析的方式來處理，但說穿了就是坐下來自問：「我想當什麼樣的爸爸，該如何達成？」因為事先思考過這些「自我規定」，執行起來不會淪為見招拆招的被動反應，小孩對爸爸的期待也不會時高時低。這種細部分析法用於事業與家庭生活都非常管用。

我跟霍華的幾名兒女後來也成為朋友，我可以證實他與子女的感情深厚，十二個孫子、孫女都很愛他，很享受跟他相處的時光。

衡量何者真正珍貴

將近五十歲時，霍華的事業如日中天，個人家庭和工作卻出現了更複雜的選擇，霍華的太太撇下家庭不管，離家出走。霍華跟三個兒子傷心欲絕，但他決心要盡快度過難關，跟小孩一起重拾正常生活。半年後霍華夫婦獲准離婚，速度之快算是破了紀錄，霍華成了單親爸爸。

「發生這件事之前，我的時間精力都擺在三個地方：家庭、哈佛，還有我的第二個工作，也就是包波斯特公司，」事過境遷，他曾在幾次喝酒時向我傾吐：「離婚後我必須把大量的時間精力從工作轉移到家庭，有些東西勢必要割捨。」因此，他選擇放棄包波斯特公司的管理職，留在哈佛商學院任教。

相信沒有人會覺得哈佛的教職是安慰獎，霍華自己也不這麼認為，但離開包波斯特公司還是讓他感覺很失落。他放棄了一份自己熱愛的工作和未來可能賺進的幾千萬元高薪。而且要離開自己一手扶植的企業，也需要一番心理調適。說來諷刺，他當初會成立包波斯特公司，不正是想為三個孩子打造更好的生活嗎？

他解釋說：「當時我需要在爸爸這個角色上拿到好成績，而且要能持續一段時間。我不能冒著讓家庭責任從手中溜走的風險。當然，離開包波斯特公司的管理職對我的自尊跟荷包都很傷，但是跟我從小孩身上得到的情緒價值相比，實在微不足道。有閒錢固然是好事，等到我們家在財務上跨過基本需求和滿足『渴望』的門檻，就會發現賺錢永遠比不上跟小孩相處。」

不要耗盡重要資源的油箱

各位是否注意到，霍華講到如何分配時間精力時，不管是重要還是次要的選擇，他都提到「價值」兩個字。因為他向來有個體認：人生的每一個選擇都伴隨著成本，

> 人生的每一個選擇都伴隨成本，
> 要評估值不值得，
> 得比較哪個選項對你的價值更高。

要確實評估每個選擇到底值不值得，只有一個方法，就是**比較這個選項與另一個選項對你的價值何者為高**。

音樂創作人卡班斯基（Lucy Kaplansky）在「事過境遷」（*End of the Day*）這首歌裡說：「你失去了什麼？又付出了什麼？事過境遷是否有遺憾？」精準地捕捉到價值的精髓。

歌詞看似簡單，卻蘊含了一個大道理：如果草率做選擇，我們在短時間內自以為做出取捨，殊不知長期下來代價更高。我們必須從「事過境遷」的角度回顧，才能真正評估付出了什麼代價。

從這個角度來看，卡班斯基的歌詞恰好呼應了霍華的智慧：決定如何分配時間精力時，該如何衡量每個選項的價值高低，最好的方法就是「以終為始」。

積極平衡生活的定義是什麼？霍華的定義是：**不要讓重要資源的油箱耗盡**。選擇要用哪些油箱，需考慮付出的代價（會消耗哪些資源）與直接影響你平衡能力之間的關係。因此，霍華常常提醒我說：「你要問自己，這杯果汁值不值得榨。你花時間精力在某些選擇上，是否能得到相同程度的滿足感？」

「果汁值不值得榨？」這又是典型的霍華用語，傳達了兩個相關的道理。首先，要清楚投入時間精力後有什麼回報，你為何想要得到這個東西。

第二，如果這個回報值得你投入並帶來最大的滿足感，就把目標定廣一點。所以，第一個問題的答案可能是：「我努力擠出一大缸葡萄柚汁是因為我口渴，想喝新鮮果汁。」第二個問題的答案可能是：「我好想喝柳橙汁，就算一杯也好。」如果是這樣，霍華會說，你最好在動手榨果汁之前，先確定你選對了果園。

別害怕發問

實務上，榨果汁的比喻可以應用在許多地方。對職場目標而言，最重要的是追求事業的大目標必須衡量成本與價值。舉例來說，你有可能要問：「三十五歲前成為公司合夥人的成本是什麼？如果這個目標延到四十五歲實現，成本又會有何變化？追求這個目標的好處在哪裡？在三十五歲或四十五歲達成目標，滿足感又有多大差別？」

「**追求個人目標要付出什麼代價**」這個問題總會不時出現。舉例來說，如果目標是成為教會執事，專心準備的過程中需放棄什麼？如果目標是參加國標舞全國大賽，得花好幾年訓練，又需要放棄什麼？不管是事業、家庭、財務上付出的代價，是否與你現在與未來得到的滿足感相符？

霍華會說：「不要怕問這些問題，也不要怕知道真實的答案。找地方坐下來跟自己對話，我可以打包票，思考這些問題的好處太多了，絕對值得你花精神。」

。　。　。

「今天我們面對的問題就是：『安排時間精力的選擇是有成本的，你如何看待你付出的代價？而且不會有遺憾？』」

霍華站在大教室前，就好像準備跟整間教室的學生授課，只不過這堂課一小時前就結束了，剛才還有幾個學生留下來聊天，現在都離開了，只剩我們兩人。這裡剛好是霍華上「經營人生企業」（Building a Business in the Context of Life）課程的教室。這堂課是他創立的，光聽課程名稱就知道這是商學院最奇特、最具創造力的課程之一。

外頭寒風冷颼颼，出去散步太冷了，在教室聊天正好，何況剛剛那一堂課也算是幫我們開場，我們繼續聊如何在人生平衡木上做出正確且能獲得滿足感的選擇。

最重要的功課

「你也知道，有的選擇很簡單，就算它的代價與後果難以預料；有的選擇很難，因為每個選項的價值都差不多，不是都正面，就是都負面；還有些選擇……」他揚起嘴角，露出一絲尤達大師般的微笑：「會很難，因為我們沒做功課。」

「什麼？功課？」

「對啊，就是功課，」他說：「決定怎麼一心多用很像是考代數要解方程式，常常需要賦予各個變數不一樣的值，如果先做功課就容易多了，」曾是數學家的霍華說。

「好啊，教授，那就有勞您出作業了。」

霍華抓起一支藍色白板筆畫了起來，「說了你應該不覺得奇怪，最重要、最不能中斷的作業，就是評估某個選擇跟終身願景有什麼關係，跟你最重視的『自我』與『面向』又有什麼關係。」

「因為，如果你只想喝一杯柳橙汁，又何必花時間榨出一大缸新鮮葡萄柚汁呢？」我插話說。

「你這幾年果然有專心聽課！」他指著畫在白板上的天平大笑，「換個比方，一盎司的黃金跟一盎司的鉛重量相同，內在價值卻天差地別。同樣的道理，花一小時唸故事書給女兒聽和花一小時跟朋友打籃球，兩者的內在價值也不一樣。如果這一小時是用來準備證照考試、在遊民中心當義工，或是粉刷車庫，內在價值又不同了。」

「但黃金、鉛、鈾的價值是由大宗商品市場來決定，」我提出看法：「花一小時的內在價值或高或低，完全由你自己決定。」

「坐在第三排的這位同學，再給你一顆金色星星，」霍華開玩笑說。

「不管你決定怎麼分配時間精力，如果這個抉擇能幫助你朝終身願景邁進，內在價值就是高的。有些選項的表面價值看似一樣，都能從不同的面向幫助你實現自我，令人難以下決定，所以

> 若不能確定該怎麼分配時間，
> 最簡單的方法就是：
> 選擇最能讓你精力充沛的事項。

需要做功課，釐清某個選擇會有什麼代價，短期跟長期而言又有什麼潛在價值。」

霍華轉過身在白板寫下一串跟選擇有關的功課。我靜靜坐著，出神地看他把思考流程化為文字。他先在腦海中定義功課，然後用精簡的文字寫在白板，偶爾還把幾個項目整理合併。寫了十分鐘左右，他蓋上筆蓋找地方坐下，好讓我們兩個人都能看到白板。呈現在眼前的是五個簡短的祈使句，代表五項功課。他一一解釋給我聽。

滿足需要，追求渴望

第一個功課是：**區分需要與渴望**。生活中常有不同的「需要」與「渴望」，我們努力滿足需要，亦騰出合理的時間精力追求渴望。

霍華解釋說：「一般而言，滿足需要的內在價值高於滿足渴望。有些選擇很顯然不是渴望就是需要。對我來說，定期休息沉澱自己是需要，到大溪地度假一個月是渴望；為了買房子或付房貸而長時間工作是需要，但連續值兩班只為了買下社區內最大的房子，則是渴望。」

「所以，這項功課的目標是要釐清你的選擇是屬於需要或渴望，還是介於兩者之間，」我歸納說。

「沒錯，」他說，身體傾過來強調接下來要講的重點：「但是大部分決定其實都落在兩者之間。一端是基本的食衣住行、健康等需要；另一端則是鑽石項鍊、環遊世界、豪宅別墅等渴望。落在兩者之間的事物處於模糊地帶，最難做出選擇。

「舉例來說，我有個女性朋友每天若找不出時間練鋼琴，就會備感失落，因為在她的理想自我中，彈琴占了很重要的一部分，已經成為她的必要事物。還有一位男性友人每天一定要慢跑七哩，幾乎天天不間斷。若是為了維持健康而跑，每週五天、每天跑三哩就夠了，但他渴望成為無敵的跑步機器，對他來說，很難明確區分這是需要還是渴望。

「所以，我們的目標不只是分辨出什麼是需要、什麼是渴望，還要知道**各選項落在需要與渴望之間的位置**。」他下了個結論。

在選項背後……

第二項功課是：**認清投資成本與機會成本**。霍華解釋說：「不管是企業結盟，還是擔任社區女童子軍的愛心媽媽，幾乎每個重要的選擇都伴隨兩種成本。首先是投資成本，也就是做出選擇後必須花多少時間精力在上面。另一個則是機會成本，因為你把資源用在這些選項上，就必須放棄其他選項。

「大家通常最關注並花心思的是投資成本，也就是自己花了多少時間精力。但面臨重大選擇，尤其是我們難以判斷的選擇時，仔細觀察我們的決策過程常可發現，我們的潛意識其實很在乎機會成本。認清兩者的差別，就能更從容做選擇。有時我們以為不得不放棄某些選項，但只要稍微費心思考，就會發現那些選項根本就不存在！」

第三個功課是：**認清好處與壞處**。霍華懇切地提醒我們不要自欺欺人，以為做完選擇就能水到渠成，「每件事務必都要權衡。面對某個選擇時，一定要盡可能盤算投資成本與機會成本，並明確而誠實地分析預期的好處為何。

「舉例來說，不要說你想把時間精力投入在找新的工作機會上，應該要說，在接下來的兩個月裡，你每天晚上都要花一小時搜尋有哪些工作機會並建立相關人脈。而且，為了空出更多時間做這件事，你暫時不去打壘球。

「接下來，要明確界定新工作預計帶來哪些好處。加薪十五％？讓你發揮所長？還是企業文化較自在？還要清楚這些好處會帶來什麼結果。如果加薪代表每週要多工

“時刻提醒自己，
沒必要跟著假想的節拍器過日子，
不要讓別人決定我的生活步調。”

作十小時，這十小時又會讓你必須放棄哪些事？」

第四項功課是：**考慮成本的比例與對稱關係**。投資成本與機會成本雖然相關，卻不見得有比例關係。

「換句話說，投資成本未必等於機會成本，」他解釋說。

「小投資有時也能有大收穫，投資大量時間精力如果無法實現理想，也是枉然，」他說。同樣的道理，成本與效益之間也不見得有對稱關係。也就是說，不能把成本或效益放在同一個天平上，拿這個去換那個。

「如果兩樣東西之間找不到相對價值，就不存在可交換的邏輯。舉例來說，『時間就是金錢』這句話雖然正確，但金錢只能在某些情況下換取時間，卻換不來智力或感情。」

此外，有些人誤以為必要事物之間有對稱關係，能夠一物換一物。其實從定義上來看，既是必要事物又怎能交換？

「以物易物之所以能進行，是因為你擁有的東西可有可無，才會想要換掉。大家對工作或生活焦慮或不滿，原因之一就是沒有事先想通這層道理，以致把必要事物割捨掉了，」霍華說。

最後一項功課是：**為目標訂優先順序**。人生的選項與目標太多太雜，無形中會產生龐大的壓力。因此我們常常把所有能做、想做的事情混為一談，妄想一次完成任務簡直是自找罪受。要化解這股壓力，就得把眼光放遠。

「我母親只讀到高中畢業，但她很聰明，腦筋動得很快，條理分明，」談到母親的霍華流露出思念之情：「她說過讓我印象最深刻的一句話就是，霍華，你要記住，你的人生想擁有什麼都能擁有，但別急著現在通通都要。」這句話很有道理。想想哪些是現階段需要完成的，哪些可以挪到日後再做，仔細排出各個目標的優先順序，這樣每天都能過得很滿意。

你要怎麼吃掉一頭大象？

「現代社會凡事講求『即時滿足』，如何把眼光放在中長期，就成了每個人的挑戰。評估怎麼投資時間精力，不要只求滿足一時的需要，要考慮能不能朝終身願景『即時前進』。應該要花心思為最重要的目標排出優先順序，然後想想哪個選項對這個順序有利，就選那個。

「排出順序後，你在做重大決定時就有靈活空間，因為你心裡明白，即使現階段把重點擺在某個面向，之後你還是可以實現另一個面向的目標。這麼一來，你在追求不同的自我時，會多一份踏實感。雖然要同時達到所有目標幾乎是不可能的事，如果時間拉長到一輩子來看，就有可能達成。不過要記得，更動優先順序時，不要忽略掉任何一個重要目標，」霍華說。

「這讓我想起一則腦筋急轉彎：你要怎麼吃掉一頭大象？」我冒出一句。

不等我回答，霍華就搶先一步說：「一口一口慢慢吃，」他邊收資料邊說：「這也讓我想到……」

「該吃午餐了？」我問。在哈佛，跟朋友或同事共進午餐，幾乎是神聖不可侵犯的儀式。

「沒錯！」他回答後笑著說：「最後再補充一點。我習慣跟我欣賞的人共進午餐，因為投資一小時的午餐時間會讓我煥然一新，肚子吃進營養，心靈與腦袋也得到養分，讓我整個下午更有能量，哪怕要工作再久也沒關係。所以，做完全部的功課後，若不能確定該怎麼分配時間，最簡單的方法就是：選擇最能讓你精力充沛的事項。」

人生實踐家

凱斯特

去年夏天某日，霍華寄了一篇演講稿給我，講者是一位頂尖的前企業主管，聽眾則是一群《財星》五百大企業與非營利機構的領導人。霍華說：「這篇值得一看。論點很有力。」演講題目是「人比人的生活大戲」，內容精闢且打動人心。讀著讀著，有句話在我心頭揮之不去。

驚醒夢中人……判斷事物時，不要管它與別人的關係，只要管它跟我自己的關係，尤其是跟我的心靈與智識增長的關係。

我心想，這傢伙跟霍華還真是心有靈犀哩！我決定寫信給他，跟他說明我跟霍華正在寫一本書，問他能否撥冗談談。雖然我們不認識，他竟然立刻回信，把我嚇了一大跳。凱斯特（Carter Cast）信中寫道：「我很樂意見面聊聊。信不信由你，我剛拜讀完霍華的《八分滿的幸福》。」

幾天後我們聯絡上，這才發現講稿背後有則動人的故事。

一路爬升的人生

從大部分的標準來看，專注、自律、堅決的凱斯特不論在生活與工作上都很有成就。他四歲就參加游泳比賽，因為他的人格特質，加上天分和努力，他晉級兩屆美國奧運四百公尺個人混合式選拔賽，因為四式都要精通，這是公認最難比的項目；他也取得史丹佛大學學士，西北大學（Northwestern University）凱洛格管理學院（Kellogg Graduate School of Management）碩士學位。

畢業後的凱斯特因著專注、勤奮、才氣等優勢，迅速在商場嶄露頭角。一開始，他在百事可樂擔任要職，協助必勝客、墨西哥式速食店塔可鐘（Taco Bell）與菲多利公司（Frito-Lay）的行銷工作；之後轉戰電玩公司藝電（Electronic Arts）擔任行銷副總，推出

《模擬市民》（Sims）遊戲；後來又跳槽到珠寶線上零售網站藍色尼羅河（Blue Nile）擔任資深副總。他在事業路上愈跑愈快、愈爬愈高，不久便成為沃爾瑪電子商務（Walmart.com）執行長。沃爾瑪電子商務在他任內躍居全球電子商務網站的佼佼者，接下來又擔任網路零售商黑尼多（Hayneedle）的執行長。

稱他是電子商務產業的巨星還不足以形容，他簡直是超級巨星。就在事業如日中天之際，他突然說：「等等，有件事不太對勁。」

凱斯特說：「從小時候學游泳開始，我一直被教導要有動力，心無旁騖，不奪第一絕不放棄。但人生怎麼可能一直衝刺？我的健康亮起紅燈，家庭也出了問題，心裡很空虛。」於是，他決定退後一步，暫時離開戰果輝煌的事業，花時間探索內心深處督促他的動力是什麼。他後來更在公眾場合分享自己的體悟，我讀到的那篇演講，正是他前幾次初試啼聲的內容。

「長大成人之後，我的生活中經常伴隨著微妙的恐懼感，害怕自己努力不夠，害怕辜負別人的期望。現實的我和理想中的我之間的鴻溝，讓我充滿了焦慮：我應該像朋友一樣取得更高的學位，效法同事賺更多錢，」他說。

「哲學家羅素（Bertrand Russell）稱這種焦慮為『擔憂倦怠感』（worry fatigue），這是一種無法欣賞自身優點，只會跟別人比較的嫉妒心態。」

從人比人生活大戲中脫逃

凱斯特解釋，「這種感覺人自古就有，但現在變本加厲。因為在科技與媒體的推波助瀾之下，我們更容易互相比較，常常發生不比較也不行的情況。你想想看，幾百年前的鐵匠只需要跟村裡的同業比產品、比地位。現在，我們卻得跟全世界各個角落的人比。」

凱斯特認為，對於有贏家有輸家的零和競賽，比較心態確實重要，「但對大多數人而言，日常生活並非一場零和賽局。社會不需要建立在零和思維上。我認為，每個人應該都要思考，不要加入我所謂『人比人的生活大戲』。」

凱斯特如何實踐呢？「我盡量把專注力跟自制力用在正確的地方，不跟別人比成就、比財富、比購併等等。我很努力只從自己的角度來看個人心靈、學問、專業上的成長。晚上我會自省是不是比之前更進步，並提醒自己，沒必要跟著假想的節拍器過日子，不要讓別人決定我的生活步調。」

凱斯特有了全新的人生觀後，事業出現了什麼變化呢？我們談話那時，他是西北大學的臨床教授，擔任顧問，大量精讀哲學、社會學與商業相關書籍。「現在的我很享受一邊思考、一邊寫作，跟大家分享看法的機會。我會不會重返商場？我真的不知道，說不定以後會出現讓我心動的商機。不過我能肯定的是，如果真的去追求那個商機，我的觀點跟做法絕對跟以前相差十萬八千里。我的競爭對手只有一個，就是我自己！」他說。

06

別自欺欺人

如果你的事業滿足感
建立在是否完成
特定的職涯目標上，
請務必先確定
你有沒有本事。

我跟霍華之間的情誼最珍貴的一點就是，不會因時間、距離或各自工作上的變動而轉淡。我們一開始是師生關係，後來成為同事，經常面對面談話、工作，逐漸成了朋友。

幾年前我離開哈佛，擔任艾克斯全球公司的總裁，我們也經常通電話或電子郵件。只要抓到機會見面，昔日的熟悉感立刻浮現，幾個星期不見好像只有幾天而已。我也很幸運常有機會回波士頓出差。

有一年夏天，我剛好飛到波士頓出差，準備幫客戶的國際開發專案做幾場簡報。霍華和我約好晚上聚餐，地點選在離他辦公室不遠的「廣場樓上」（Upstairs on the Square）——那是我們都愛吃的餐廳。「我下課後會先去喝杯東西，有個以前的學生碰到一些問題，想聽聽我的意見。六點半前應該就會結束，我們可以一起吃飯。」他說。

為學生指點迷津

結果我的會議超過預定時間，趕到餐廳時已經有點遲了。我一進門就瞧見霍華坐在位置上，便快步往前，以為他在等我。走沒幾步，發現他跟學生的談話還沒結束。遇到這種情況，通常我會上前自我介紹，霍華的朋友常常變成我的朋友。但霍華的神情很專注，我似乎不該打斷，於是我到吧台坐著等他們結束。即使隔了一段距離，我依然看得出來話題似乎很嚴肅。

過了一會兒兩人站起身，霍華送他到門口。經過我身旁時，我聽到那名學生對霍華說：「我的確很失望，但我不是想來聽安慰的話，我想聽您中肯的評論，」他沉默了幾秒，整理思緒。「大多數人都不會提出客觀且有建設性的批評，只會繞著問題打轉，不說出實話。他們很關心我沒錯，但是不直言實在無濟於事。老師您的答案正是我需要的，真的非常感謝，」他握住霍華的手，誠摯道謝後轉身離去。

發現我走到他身邊，霍華一手搭在我肩上，「艾瑞克，你不介意的話，晚餐前先讓我出去透透風，」我點頭同意。他回座結帳後我們一起離開，走進夏日的涼風中，轉個彎來到哈佛廣場，經過一些店家和街頭藝人。磚頭人行道上各種年齡層的人都有，來哈佛校園巡禮的中學生、放完暑假的大學生、剛下班的年輕上班族、推著嬰兒車的爸爸媽媽，還有把這裡當成旅行終點站的大家族。

陷入困境

我們花了點時間聊聊近況，我談到公司的新客戶，霍華提起他擔任董事的公共電台最近面臨的挑戰。我說兒子丹尼爾展露出雙語天分，除了英文還會講西班牙文；霍華說年紀稍長的幾個孫子最近在做什麼事。在好奇心的驅使下，我問起他剛才跟學生的對話。「你們看起來很嚴肅，」我說。

霍華深吸了一口氣，「是啊，是很嚴肅。逆耳忠言，不過他有聽進去，」他說。

我們倆走了一會兒，他才解釋整個情形：「這個學生叫詹姆斯，大概十年前上過我的課。他很聰明，分析跟推理能力很強，個性有點害羞，為人不錯，誠實又有企圖心，而且不會不擇手段。他從哈佛商學院畢業後一直待在房地產投資信託公司，負責大型購併與銷售的談判工作。他覺得自己被一成不變的工作困住了。」

「公司對他的績效很滿意，加薪過幾次，但他覺得工作內容愈來愈無趣，老闆也不肯給他發展專業能力的機會。他問過上司，為什麼好專案都輪不到他來主導，只讓他做固定事務，老闆總是虛應故事，給的答案模稜兩可。這種情況持續了兩、三年，所以他才想聽聽我的意見，看日後怎麼做比較好。」

「那你說了什麼逆耳忠言？」我問。

「我覺得有必要跟他說，他是在玩接龍時作弊，」霍華有點無奈。

少了人生的好牌

這個說法我倒是第一次聽到。「『玩接龍時作弊』是指什麼？」我問。

「你玩過接龍嗎？」他問。

「當然囉，小時候玩過。」

「你玩到最後就快要贏時，才發現自己根本就沒有需要的那張牌，你會怎麼辦？」

「我有時會放棄，從頭開始玩，」我不好意思地笑笑，補上一句：「有時我會稍微違反規定，去拿自己需要的那張牌。」

「這種事誰沒做過。畢竟接龍不過是個遊戲，而且是跟你自己玩，要是你想欺騙自己拿到好牌，也沒什麼關係，」霍華停下腳步，伸出手指戳我胸膛。「但生活可不是接龍遊戲，我們都是生活在現實世界裡的成年人了。『玩接龍作弊』是因為玩家自欺欺人，假裝手上拿了一副好牌，可以達到想要的結果，但事實上根本沒有，」霍華說。

「人生的『好牌』是指什麼？」

「達成預設事業目標所需的專長與天分。若想追求人生更高的目標，要加強並提升專長與天分，」他解釋。

「那詹姆斯少了哪些好牌？讓他沒辦法贏的原因是什麼？」我問。

霍華示意要我過馬路走進歷史悠久的劍橋大眾公園（Cambridge Common），美國獨立戰爭的一場關鍵戰役曾以這裡為集合點，如今上場廝殺的卻是上班族組成的業餘壘球隊。我們找條板凳坐下，邊看球賽邊聊天。

霍華說，詹姆斯手上少的那張牌，是無法察覺高壓商業環境下的複雜人際關係。

詹姆斯並不了解協商過程中會出現許多微妙的變化，他看不到對方傳過來的訊號，因此常提出無效建議給同事。更糟的是，他連自己團隊傳遞出來的訊號都無感。有時，資深同事只好出面修正，卻拖累了協商結果。即使有這些缺點，沒有人會質疑詹姆斯的善意、聰明和努力。他的工作時間常常比團隊領導人還多，技術分析的深度與準確度也讓大家佩服得五體投地。

「總歸一句話，他擅長某些關鍵工作，在公司中也是不可或缺的角色。問題是，他的企圖心不僅如此，他希望能主持專案團隊、主導談判過程，晉身領導階級。看別人接到他努力付出卻得不到的專案，他覺得很灰心。但老實說，他永遠都達不到那些目標，」霍華悶悶地說。

熊的寓言

「他現在的處境很尷尬，真不知為什麼沒有人提醒他，」我說。

「說不定有，只是他聽不進去，」霍華回說：「或許他的上司和同事根本不在乎問題出在哪，很多企業的文化都是這樣的。」

詹姆斯的處境讓我陷入沉思，「我突然想到一個笑話。有兩個人去爬山，突然看到有隻熊朝他們跑來。張三處變不驚，脫下登山鞋換上跑鞋。李四看到此舉說：『你發什麼神經？你跑不過熊的。』張三這時說：『我不必跑得比熊快啊，只要跑贏你就能活命了。』」

「是啊，把這個笑話套用到職場，尤其是現在景氣這麼差，如果不誠實正視自己的能力，就會有嚴重的下場，」霍華苦笑了一聲說。

「那隻熊代表的可能是丟掉升遷機會，或是因經濟衰退被裁員，把時間拉長來看，牠代表了一直達不到目標的無奈感。」

我問：「要怎麼知道自己是不是『玩接龍作弊』呢？如果工作的滿足取決於是否達成短期或長期目標，把這些目標列入終身願景，也投入時間在上面，總是會想知道自己有沒有達成目標的能耐。」

「你說得沒錯，」霍華往椅背一靠，陷入沉思。

「依我看，想知道自己是不是自欺欺人，最好的方法就是誠實回答兩個問題。

「第一，**我具不具備把工作做到頂尖的專業知識、技能、個人特質**

> 成功是專長、熱誠與核心能力三者完美結合的結果。

等核心能力？

「第二，**我的事業目標是否很獨特**，例如進入某種特定的行業、做某個特定的職務，或是去某企業上班。**相較於其他具相同目標的人，我的核心能力有沒有優勢？**」

他總結：「坦白說，現在的就業市場競爭這麼激烈，這兩個問題同樣重要。」

重新檢視核心能力

「光是具備核心能力並不足以確保能否達到事業目標。努力、運氣、時機、選擇、優先順序，都很重要，」我回嘴說。

「沒錯，這些都算是短期優勢。以我的經驗，長期來看對職涯發展最重要的還是專長跟天分，」他說。

他停頓了一下繼續說：「人們總是依自己擁有的核心能力勾勒事業目標，投注了大量心血卻沒有思考、甚至忽視自己究竟缺乏哪些核心能力。」

我消化了一下再問：「你怎麼定義核心能力？我會投球也會跑壘，但這輩子怎麼也打不進職棒。」

他笑說：「沒錯，我猜你不可能打得到大聯盟的變化球，那就是你缺乏的核心能力。還是別拿職業運動來打比方，這樣比較容易誤導。因為大多數行業並不像講求打擊率、上壘率的棒球，能力高下那麼明顯。」他環視觀賽民眾，彷彿在一個個推敲他們的職業。

「我們可以把核心能力粗分成三大類。首先是**身體技能**，例如歌手的音域、外科醫生的巧手、泛舟導遊的體力。第二是**腦力**，例如室內設計師對顏色很敏銳、公關主管對長相和名字的記憶力超強、稅務律師擅長統整複雜資訊。最後是**人格特質**，像是能自在地與初次見面的人相處、遇到新體驗能靈活應變、處理棘手挑戰時努力不懈、誠信、具同理心等。

「值得一提的是，在講求知識與人脈的經濟中，**人格特質跟情緒智商卻是大家最常自欺欺人的地方**，」他解釋。

「真有意思。我一度考慮要不要當律師。雖然我對讀法律感興趣，分析能力也應該夠，但畢竟律師需要記憶大量知識，我承認我做不來。我有段時間也考慮要念醫學院，但一想到當醫生幾乎天天睡不飽，我的精神狀況會打折，一定沒辦法撐過值班跟駐院階段，就打消念頭了。這兩個目標都讓我意識到自己的渺小，」我邊想邊說。

「在這兩個情況中，你很清楚知道自己缺少哪些核心能力。現實是很殘酷，起碼你很快就發現當律師或醫生不適合你，」語畢，霍華露出調皮的微笑，「如果我沒記錯，有一次你不清楚自己缺少什麼核心能力就去創業，學到很大的教訓才收手。」

買一個教訓

霍華講的那次經驗，正是我太太所謂的「賣花熱」。進入職場頭幾年，我買下幾家卡布倫（KaBloom）連鎖花店。儘管我對花沒有興趣（投資錯誤一），因為曾在大型連鎖集團的企業管理部門工作，累積了不少加盟業務的經驗，加盟業者又標榜這是「花店產業的星巴克」，投資機會難得，我決定試試身手，發揮我在創業、行銷跟管理的長處。

結果證明我錯了，除了卡布倫總公司本身策略有誤，我也高估了自身能力，以為有辦法承擔所有財務風險。等到業務走下坡，我才發現商管書中「必要時賭上全部家當」的創業方法並不適合我。這次投資的風險太高，我承擔不起，最終還是決定撤資。「就當不經一事、不長一智吧。那段期間實在很辛苦。老實說，在投資花店之前，我在工作上從沒失敗過，壓根沒想過花店可能做不起來。我從這次經驗學到，選擇職業時一定要做足功課，思考自己有沒有必要的專長與特質。現在回頭看當初的計畫，可以明顯看到哪裡出了錯。如果早點了解自己的風險承受度，就能避免當初的精神折磨，更別說退出加盟造成的虧損了。」我說。

「或許吧……但人生不能倒帶，」他回說：「你聽我講過無數次了，沉溺在過去對情緒的傷害太大，唯有記取教訓無怨無悔地往前看，才會自在快活。所以，不要覺得你虧了錢，應該看成是繳學費，順便認清自己不適合承擔高風險的工作。這樣的一堂課，你能說對日後從商沒有用嗎？」

進行能力測試

霍華顯然不只是分析我的花店投資，「如果創業初期就發現自己缺乏達成事業目標的必要能力，千萬別忽視這個警訊。若不清楚自己是否具備必要能力，或根本不曉得必要能力是哪些，那就去試試看吧。測試時要設法把風險降到最低，才不會損失太大。」

儘管面臨的情況糟糕透頂，
最積極的人會記取教訓，
從中學習並厚植實力。

「要怎麼控制測試時的風險呢？」我問。

「方法有很多。首先，訂出你願意付出的時間、精力或金錢上限，就像你投資花店一樣，」他回答。

「第二，要清楚自己對測試結果或效益的預期，坦然接受這件事帶來的成本效益。第三，明確知道你在測試哪些能力，逐項找到最簡單、成本最低的測試方法。最後，測試方法要務實而完整。如果你是網球單打選手，就不要去比雙打來測試你的能力；如果你的目標是成立居家照護公司，就別只測試臨床照護技能。」

「試驗後接著要做什麼呢？」我問。

「要追蹤數據。先看看你對這些數據有什麼感覺，積極評估漸漸浮現的結果，比較原本預期和現實情況的差距。注意那個領域的佼佼者有什麼核心能力與專業技能，然後檢視你自己是否具備這些能力，」他拍拍板凳，強調他講的重點，「還要誠實問自己，腦力和情緒是否負荷得了，」他說。

霍華指著「廣場樓上」餐廳的方向，說：「從許多方面來看，詹姆斯的情況跟你的花店試驗沒有多大差異。你們都對必要的能力做了部分正確的評估，也犯了至少一個重大失誤。你呢，是錯估風險承受度；他呢，是錯估自己能掌握微妙的人際關係。你們的不同之處在於是否記取教訓。詹姆斯並沒有全面分析從試驗中得到的資訊，沒有仔細觀察業界佼佼者具備哪些核心能力。除此之外，有些因素顯然成了他達到目標的絆腳石，他卻視而不見。最重要的一點是，他沒有誠實面對自己的情緒，對於同事與協商對方的回應他其實覺得不自在，卻故意不理會。」

記取教訓，認清事實

我想，如果詹姆斯的公司有一套合宜的績效評估制度或評量過程，他可能就會客觀看待這整件事，但顯然沒有。參與協商的同事也覺得，沒有義務挑明他缺少了一項核心能力。直到霍華分析他的優缺點後，他才發現其中的前因後果，茅塞頓開。

「老實說，我覺得他挺可憐的。從事這行十多年，突然冒出叫人憂心的重大轉折點，以前的人生規劃，現在不得不重新思考。但從另一方面來看，他也有可能因禍得福。從談判團隊學到的知識與經驗都是他的優勢，對以後選擇分析導向的職業會有幫助，跟他原有的核心能力也有相輔相成的效果，」我說。

霍華回說：「我同意。但說來容易做來難，他已經陷得太深，整顆心都放在特定的幾個事業目標。同事與老闆給他的反應愈來愈負面，讓他覺得很受傷。如果要他再開闢一條道路，得下一番苦工。不曉得……」他表情露出疑問，然後說：「你願意幫我這個老朋友一個忙嗎？」我立刻明白他的用意，「他電話幾號？」

「謝謝，」他邊說邊從口袋掏出詹姆斯的名片，「畢竟，腦力激盪跟激勵人心是你的核心能力。」

我把詹姆斯的聯絡方式輸入手機，這時霍華站起來伸懶腰，說：「我現在又有食慾了，去我家附近的新餐館吃吧！雖然菜色不多、風格混搭，但他們煮出的料理就是好吃。」

。。。

「有件事我很好奇，」等服務生帶位時我問：「找到核心能力是一大挑戰，要知道自己有哪些競爭優勢，還要能與事業目標搭配，你自己是怎麼找到的呢？」

「哇，那得讓我好好回想一下了，」他回說，透露出一絲緬懷過去的語氣。等我們入座後，他說：「我從史丹佛畢業後有不少工作選擇，我都用三點來分析：**找出我最喜歡做的事情；鎖定我最擅長的事情；跟有類似興趣和專長的人相比，我有什麼競爭優勢**。有一陣子，我考慮從事系統工程，所以有幾年暑假到ＩＢＭ打工，試試水溫，才發現我對這行沒有太大熱誠。

找到自我競爭優勢

「我大學主修數學，這也是我職業分析的重點。我喜歡也擅長數學，不過快畢業時，我明白自己不可能比同學優秀。他們真的熱愛數學，比我認真投入，拿高分也更得心應手。此外，數學領域的工作機會有限，競爭很激烈。隨著電腦的發達，很多重要的問題都能用數學來解答，如今可以應用數學的工作機會變多了。但一九六三年時，機會要少很多。考量過所有因素之後，我決定不走數學這條路。」

「我也慎重考慮過擔任軍職，」霍華繼續說：「我出身軍人家庭，父親是陸軍指揮官，哥哥曾經是海軍陸戰隊最年輕的上尉之一。我猜我有機會成為優秀的戰略或後勤人員，但我有點自閉，不喜歡照單全收別人的命令，所以我知道自己沒有軍中領袖的特質。要從軍雖然沒有什麼障礙，但除了缺乏熱誠，我也沒什麼競爭優勢。」

「所以你才決定從商和教學？」我問。

「倒也沒決定得那麼乾脆，」他回答，「我會去讀商學院是因為這是我感興趣的主題。當時還不知道是否真心覺得有趣，也不清楚自己是否具備在這個領域成功的能耐，但我不排斥試試水溫。再說，我不會因為念了哈佛商學院，在非商業領域的事業選擇就落空，所以我想嘗試以前沒考慮過的選項。」

豁然開朗的一刻

「一直等到進了哈佛商學院之後，我才明確知道這是個理想的選項。其實這要感謝企業管理的大師級人物梅司（Myles Mace）教授。跟他聊過幾次，讓我的職業生涯出現了第一個重大轉折。梅司教授讓我了解，我對從商和教學有熱情，不僅做得出成績，還頗具競爭優勢。」

「難道是哈佛之神顯靈讓你頓悟嗎？」我開玩笑說。

「沒有，」他笑說，「天空沒有天使在唱哈雷路亞，也沒有人在查爾斯河放煙火慶祝……。不過你說得對，我還記得豁然開朗的那一刻。梅司教授提到他自己的職涯發展：『霍華，我跟你說，我工作這麼久，向來只問自己三個簡單的問題：這數據哪裡來的？代表什麼意思？你為什麼要矇騙我？』

「他真是一招半式闖天下的高手！但他知道，這些問題雖然簡單而基本，但放諸於大大小小、營利或非營利組織，都很重要。有些人可能會以為這些問題很蠢，不予理會，但從他嘴裡講出來時，我覺得還真有幾分道理。我知道，能否問出好問題，就能看出一個組織的優劣。

「在後續幾次談話中，梅司教授讓我明白，我很擅長釐清在商業場合中該問哪些關鍵的策略性問題，我本能地知道應該專注在哪些重點，打破沙鍋問到底。我後來慢慢了解，問對問題的能力是我的競爭優勢，從此成了我人生志業的基礎。

「很多大學朋友都以為我會當個系統工程師或數學家，我如果走這條路，有可能掙得一點地位嗎？當然有可能。或者我有可能跟家人期待的一樣，當個優秀的軍官嗎？這也有可能。但我有辦法在這兩種選擇做到最好嗎？有可能像現在在創業和商學院教學一樣成功嗎？我覺得不可能，因為我的熱誠跟競爭優勢都不在那裡，那兩條路無法讓我達成終身願景，」霍華總結。

。。。

那頓晚餐和後來的談話，我跟霍華繼續討論「玩接龍作弊」的概念，以及為何大家容易犯這個錯。霍華解釋說，大多數人並非故意要作弊，因為一些錯誤觀念，才會誤判自己的核心能力。

迎接挑戰時，務必睜大眼睛

舉例來說，**「勤勞就能成功」謬論**：認為光憑努力就能克服缺點；換句話說，就是以為想要達到事業目標，只要下定決心、努力再努力就夠了。在許多人眼中，自我改進是人類天賦的權利，跟美國夢難以切割，甚至認為這是十八、十九世紀帶動美國經濟的拓荒精神。

霍華對拓荒精神很認同，因為他的祖先就是到美國西部定居的先鋒。但經過幾十年來第一手分析組織機構、直接觀察許多人的職涯發展後，他知道，如果想克服核心能力的不足，勤勞並非萬靈丹。

在他的經驗中，如果核心能力不足，卻因勤勞而成功，通常是由於不斷努力擴展並強化專長，進而消除了缺點。此外，唯有需改進的核心能力界定得非常明確，而且落差不大時才有辦法改善。各位可別誤會，霍華並不是在說我們都不用嘗試。他的重點是：迎接挑戰時，務必睜大眼睛。

再來是**「聰明就能成功」謬論**：以為只要聰明過人，就一定能把特定專長學起來。霍華這輩子看過不少絕頂聰明的人，他發現很多人都覺得自己有聰明才智，想從事什麼都沒問題；也有很多人可能原本不這麼想，但在社會的競爭壓力下，慢慢養成這樣的心態。

這些人認為，在學校有好成績，就保證能達到自己設定的目標。「我在A、B方面很厲害，我相信從事C一定也很傑出，」霍華曾經跟我說：「這就好比我是體重三百磅的摔角高手，所以我撐竿跳一定也很行。」他的重點並不是說，你不可能同時比摔角又去撐竿跳。只要有驚人的決心、超強韌的高科技竿子，或許有可能取得滿意的成績。但如果你重達三百磅，卻立志參加奧運撐竿跳項目，勢必會以失敗收場，徒增失望罷了。

「聰明就能成功」謬論的親戚就是**「自我放大」謬論**：以為自己某項能力比別人優異，就算拿不出客觀證據照樣深信不疑。另一種情況是誇大自己的能力，認定自己是最適合做某件事的人。對於習慣自我放大的人，霍華形容他們是「在空白標靶亂射箭，然後在射中處畫上紅心。」

建立有憑有據的信心

接下來是**「有樂趣和熱情就能成功」謬論**：以為只要做某件事能帶來快樂或者有熱誠，就能做得好。當然，熱愛你的工作很重要，畢竟你若不喜歡工作的基本環節，就不可能有優異表現。對事業或目標滿懷熱誠是一種競爭優勢，但光是樂趣跟熱誠還不足以克服技能、知識或天分上的缺陷。正因為如此，霍華才會覺得有必要跟詹姆斯說：「不能因為你想要在某方面有好表現，就不客觀評估你是否真的表現優異。」

最後是**「真心期望就會成功」謬論**：在追求特定的職涯或目標時，嚴重低估應該克服的難關。這個謬論正好與「勤勞就能成功」謬論相反，以為只要閉上眼睛，深信成功終會降臨，就能輕而易舉地成功。

人要有自信、樂觀進取、懷抱夢想、跳脫舒適圈，這些霍華全都舉雙手贊成，這些特質對事業幸福感很重要，「但是有憑有據的信心，和以為只要空想成功就會到來，兩種心態有天壤之別。一個是思考計畫過，一個是一廂情願；一個是想辦法搬開路上的障礙物，一個則是等待障礙物自行離開。」

專長、熱誠與核心能力，缺一不可

如何不被各種謬論誤導，導致玩接龍作弊的現象？第三章提到的娑兒應該是很好的例子。她喜歡建築設計，一心一意想當建築師；她有足夠的能力取得建築系學位，同學當中沒人比她更用功，但她客觀評估自己跟同學的核心能力，以及老師對作業給的評語，才體認到自己沒有「設計人的基因」。雖然她看設計的眼光精準，能夠辨別設計的好壞，但也因為好眼光，她發現自己的設計作品不及業界水準，無法在激烈的市場中獲勝。

雖然這是痛苦的領悟，但姿兒在情感上和理智上都坦然面對自己，才能及早發現問題所在。若從這點來看，她算很幸運了。很多人都是遇到重大難關後，才發現自己的核心能力有限。突然間，他們對工作的期許、自我價值、熱誠全都被現實狠狠一撞，遍體鱗傷。

各位在思考上述幾個謬論時，請想想霍華的一句話：「獲得事業的成功和幸福感不是靠運氣。那些達到事業目標的人，不論是執行長或公司裡最優秀的平面設計師，他們的成功，都是**專長**、**熱誠**與**核心能力**三者完美結合的結果。」

所以，如果你跟霍華說，你有滿腔的熱情，正在追求一個宏大的事業目標。不管結果如何，追逐理想的過程就足以讓你覺得幸福，他會說「那就去追求吧！」但如果你說，達成這個目標對你的職涯滿意度很重要，他會建議你再想一想，誠實評估手上有什麼王牌。這樣，你才不會後悔。

人生實踐家

李爾波

星期四早上，外頭下著雨，我跟李爾波（Jeff Leopold）邊喝咖啡邊聊天。我發現他真的很熱愛工作，而且是拚命三郎。

李爾波在麻州列星頓鎮（Lexington）擔任獵人頭顧問，幫高科技公司尋找高階主管和董事人選。「我每天不用設鬧鐘，六點就自動起床，迫不及待要上班。就算週末要開會或打電話聯絡公事，也甘之如飴，」他解釋說，「我的工作有時會犧牲家庭和個人時間，這點我可以接受，因為我做得很開心。」

有一點他沒有提：他公司的規模愈來愈大，忙得不可開交，完全沒受景氣不佳影響，這是因為他樂於工作，也經營得相當成功。

有趣的是，李爾波如今能在高階獵才領域發光發熱，部分要歸因於剛踏入社會時曾度過一段空虛的時光，他從中學到重要的一課。

時間回到一九九一年，他剛從密西根大學MBA畢業不久，成為少數被一家新興企業錄取的精英，那家企業叫做微軟。

一次震撼教育

他回憶說：「履歷上看來，要在微軟出人頭地的優點我都具備了。我的分析能力、組織能力和專業領域都很優異。微軟徵選的過程相當競爭，最後能得到這份工作更加深了我對自己的期許，自認能在這裡闖出一片天。」

他當時並不了解，儘管他具備眾多優勢，卻注定無法在微軟成功。他原以為自己的能力有很大的競爭優勢，後來發現非但不是，甚至成了他在企業環境致勝的絆腳石，這是他從沒經歷過的問題。「某天我才意識到，我擁有的反倒是劣勢，我不知道如何在微軟獨特的企業文化中出頭，」他解釋說。

因此，李爾波在微軟工作兩年便離職，到現在離開微軟快二十年了。從聊天中我可以察覺他對那段經驗仍耿耿於懷。當然，也有那麼點遺憾。如果他再待久一點，實現員工選擇權，就能大賺一筆。

「微軟的企業文化就像是照妖鏡，儘管員工擁有眾多優勢，嚴峻的工作考驗會使躲在暗處的劣勢很快暴露出來，無所遁形。我當時的劣勢是跟公司『不計代價、不顧常理』的文化格格不入，」李爾波說。

「剛進公司時，我不知道大多數員工都身懷使命，懷抱著透過軟體改變全世界的雄心大志。我則是維持我在以前的工作和研究所時的工作態度，有條不紊地沉著分析。但能在微軟出人頭地的人都極具使命感，熱情趨使他們勇於創新，我只是按部就班做事。他們問問題的方式不同，解答的方式不同，對客戶需求的看法不同，比我精細許多。這點『差異』使得某些人闖出一片天，某些人卻格格不入。」

承認自己不適合

李爾波費盡心思想在微軟闖出名號，卻一直抓不準內部文化的精髓，愈來愈消沉。在一次令他難以忘懷的產品策略會議，他提出想法卻被比爾・蓋茲笑，對他而言是一次恐怖的經歷。

李爾波回憶道：「比爾・蓋茲說：『李爾波，這個概念是我這個星期以來聽過最愚蠢的。』從那之後，我的表現愈來愈糟。我知道比爾・蓋茲不是故意把我的產品概念批評得一文不值，我們之間也沒有私人恩怨，那只是針對專業上的評論。他對任何新概念有一股近乎信仰的熱情，他會非常直接指出問題。被他批評的人當然不只我一個，這種事常常發生，只不過我當時並沒有心理準備。」

直到有一天，同事把李爾波拉到一旁說：「我知道你在這裡過得不快樂，也想擺脫這種狀態。你很聰明沒有錯，但你有沒有想過，你在這裡可能不適任。」

「我驚訝得說不出話來，」李爾波回憶說：「我把同事的話解讀成：有密西根大學的MBA學歷又怎樣，你其實沒那麼聰明，絕對比不上這裡厲害的人。後來仔細想想，我才了解他真正的意思是：你的聰明才智在這裡無用武之地，微軟的企業文化顛覆傳統思維，不會空等跟不上腳步的人。」

「他說得一點也沒錯，」李爾波說：「我到微軟工作時心態太狹窄，認為解決問題有固定方法，只想按時完成工作，結果把自己逼進死胡同。而且，同事個個深信軟體可使『商業界更加平等』，我卻沒有這股發自內心的熱誠。」

「要承認自己失敗，實在很痛苦。這是我頭一次在職場上有這種感受，」他說。

然而，短暫的失敗卻為李爾波播下日後成功與幸福的種子。痛苦而負面的轉折點反而成為催化劑，讓他走出一條新路，交出亮麗的成績單。

把相對弱勢轉為絕對優勢

李爾波從微軟的經驗學到寶貴的一課，確認了事業的發展方向，為日後成就奠定基礎。從這點看來，他的經驗充分證實了霍華的理念：儘管面臨的情況糟糕透頂，最積極的人會記取教訓，從中學習並厚植實力。很少人能跟李爾波一樣，從理智上和情感上都誠實剖析自己的能力，進而把相對弱勢轉為絕對優勢。

「我從微軟學到的第一課是，」他解釋說：「分析能力跟條理分明是解決問題的必要條件，但這還不夠。想找到最好的解答，還需創意與彈性，也就是要從全新方向看問題，不能有根深蒂固的偏見。

「第二點是，專業背景對你的創意和工作技能可能是減分，也可能是加分。眼光狹隘，能力就會受到局限；給自己天馬行空的思考，反而有更多機會解決問題。

「第三點是：不要錯誤解讀企業文化！我親身體驗到企業文化的重要性，才會開始研究員工個人跟企業文化的『速配』程度，對員工的表現有什麼影響。」

李爾波的勤奮研究最後終於開花結果。現在的他之所以在高階獵才領域有所成就，並且更投入工作，是因為他對企業文化與可能的高階人才契合與否深具敏感度。當然，這也要歸功於他在尋找適當人選的過程中，懂得發揮創意，靈活變通。

07

心裡的自己比不上眼中的別人

自信不代表自負。
說自己擅長某件事，
不代表就是在吹捧自己。

霍華那晚跟詹姆斯見面後，我們漫步到哈佛廣場，花了一陣子時間討論「玩接龍作弊」。最後到餐廳吃晚餐，他繼續分享他對詹姆斯遇到重大轉折的看法，他的洞見與智慧就好像調味料，為晚餐增添美味。

快樂的時光總是過得特別快，付完帳後我先去洗手間，與霍華約在餐廳外頭碰面。我笑著走向他，說：「剛才在廁所洗手時，我突然想到一個故事。」

「說來聽聽，」他挖苦說：「你也知道我吃完大餐後，最喜歡聽廁所笑話了。」

「這不算是笑話，倒有點啼笑皆

非。而且跟『玩接龍作弊』恰恰相反，」我說。

霍華假裝無奈地搖搖頭，我們朝他的車子走去，我邊走邊說：「我們公司最近開始跟一家活動企劃公司合作，上週我跟他們的主管伯特喝飲料。我們聊到家庭、嗜好、背景，無所不談。

「我問他，有沒有遇到什麼特別的情況，做過什麼選擇，才走到今天這一步。他聊到兩、三件改變他職涯規劃的重要決定。我對其中一件事印象特別深刻，覺得滿意外又有趣。」

「就是你在廁所想到的那件事？」霍華問。

「沒錯，」我說，等霍華打開車鎖，我們上車。他堅持載我回飯店，我在車上繼續分享這則故事。車子經過劍橋市進入波士頓市區，穿梭在忙碌街道中。

洗手台的當頭棒喝

「伯特剛進入職場時，在芝加哥一家大醫院的客服部工作五年，他非常喜歡這個工作。他點子很多，常會想辦法幫醫院降低成本，或改善提供給病患和家屬的服務。老闆有時會採納他的意見，但通常是置之不理，也很少解釋原因。年輕、充滿活力並富有理想的伯特總樂觀地認為，老闆一定有她的理由。

「有天晚上，伯特去參加兩位同事的惜別派對，其中一人要換工作，一個要去念研究所。派對中他去上廁所，他老闆的老闆——客服部副總——走到他旁邊的洗手台。伯特跟他偶爾會在小型專案上共事，理所當然打了聲招呼。副總點點頭，顧著洗手沒說話。

「洗完手他扯下一張擦手紙，沒正眼瞧伯特，說：『年輕人，給你一個忠告，但走出廁所後就當我沒提過這件事。你想辦法成為下一次惜別派對的主角吧。』伯特不懂他的意思，正想問個明白，副總搖了搖頭說：『你聽就對了。』伯特於是閉嘴專心聽。

「副總深深吸了一口氣繼續說：『你是個聰明有才幹的年輕人，但我們不知道怎麼用你……我想我得負一點責任，你老闆也有錯，她這個人自信心不夠。另外一個原因是，醫院有一套固定的做法。雖然聽起來很可悲，卻是無法改變的事實。』說完副總把擦手紙丟進垃圾桶，留下一句『派對上玩得開心點』，就走出洗手間了。」

霍華難以置信地搖搖頭，說：「我會說這是洗手台的當頭棒喝。」

「伯特也是這麼想，」我回說：「那番話真是一語驚醒夢中人，他花了好幾天才想出背後的含義。他根本沒想過有公司會不懂得用人；老闆竟然認為他的創意是種威脅，故意不予理會；而高層也不願意改善現狀。」

積極評估，掌握自主權

「後來伯特怎麼做呢？」霍華問。

「等他心情恢復平靜，就接受副總的建議，開始思考自己想要做什麼，下一步要往哪裡去。等心理調適好，他便積極採取行動，差不多四個月後就舉行了他的惜別派對。

「有趣的是，他從這件事學到了教訓，他打定主意不要再落入同樣的情境，絕對不允許個人能力被任何機構設限。從那時起，他在評估某項工作時更積極主動，以確定自己的才能得以盡情發揮。比方說，他跟上級討論年度績效考核時，重點一定包括：自己的專業能力是否受到重用、他覺得哪個部分無法完全施展，未來一年該怎麼改進。」

「接下來這點，我想你一定很欣賞。他每次在面試時，都跟未來的老闆講這個『廁所』的經歷，並詢問他們會怎麼處理。這個話題往往開啟雙方深入的對話。不過有一次，對方的回答很奇怪、也很直接，他當場就回絕這個工作，」我繼續說。

「做得對極了！」霍華拍了一下方向盤叫好。

之後我們陷入沉默，直到車子在飯店附近停下來，我說：「伯特成功地讓職涯初期遇到的轉折點化險為夷，跟自欺欺人的詹姆斯相比，你有沒有發現一個問題？」

霍華笑著點點頭。「你明天有什麼行程？」他問。我隔天沒事，所以跟他約定好去逛逛飯店附近的古蹟。「每天生活壓力這麼大，我們很容易就忘了身邊的美好事物，」霍華說。

適度自信不等同自負

隔天，我們先在修（Robert Gould Shaw）上校與黑人兵團紀念碑碰面。美國內戰期間，修將幾百名來自社會下層的黑人訓練成精良部隊。他們盡忠職守，抵抗南方敵軍，最後在一場戰役中死傷慘重。

這段歷史曾被拍成電影「光榮戰役」（*Glory*）。我們從這裡出發，信步走到舊北教堂（Old North Church）。一七七五年四月十八日晚上，就在這裡，瑞維爾（Paul Revere）看到尖塔發出兩記信號，連夜策馬通知大家英軍來襲，成了獨立戰爭的英雄。（說這是轉捩點絕不為過！）

這趟歷史之旅途中，我們聊到後人對獨立戰爭跟南北戰爭的詮釋，影響了我們對現今世界的看法，以及現代社會又是如何解讀這段歷史。

舊北教堂所處的北區恰好是波士頓著名的「小義大利區」，我們便找了家咖啡廳喝飲料。

冷飲送來後，霍華把話題轉到昨晚的故事。

「我回答一下你昨晚的問題，」他開口說。

「自欺欺人就是高估自己的專長。相反的，低估自己的專長就無法發揮最大的潛力，這樣也不好。這個情況很常見。因為大多數人都謙虛慣了，不過分自吹自擂。所以，我們偶爾要提醒自己，**自信不代表自負，說自己擅長某件事，不代表就是在吹捧自己**。」

霍華喝了一大口飲料，繼續說：「我們太在意別人對我們的看法，在職場上尤其如此。很多人都是因為這樣，導致自己的定位跟專長都是雇主說了算。許多人以為公司自然『知道』需要哪種人才，也懂得有效善用大家的專長，整合成綜效。有些營運健全的公司確實明白這點，也經常做得很好；但是有更多組織不懂得如何善用員工的專長與天分。

好主管能拓展員工能力

「這種情況，有時是因為企業文化結構化程度高又沒有彈性；有時則因為企業只求工作結果，不在乎個人表現。但是最終的結果往往跟個人表現沒有直接關係。許多企業忽略運氣也可能影響結果，而不看重個人的努力與技能。

「募款便是個很好的例子：好企業會重視你今年拜訪捐款人達一百次；次好的企業只在乎你募到多少錢，如果成績亮眼，不會想到這可能只是運氣好或時機對，跟個人努力沒有關係。」

他停了一會兒，接著說：「另外一個大問題是，很少有主管真的知道如何拓展員工的能力，就連有心的主管也不見得懂。這跟維持日常營運的能力截然不同，需要付出更多心力。所以，一般主管遇到希望發揮本職以外專長的員工，就會不知所措。當然，還有一種主管就跟伯特的老闆一樣，沒有安全感，不願見到別人嶄露頭角，便故意打壓員工。」

「我想到你說過，A咖主管用A咖員工，B咖主管用C咖員工，照你的話類推，C咖主管逼整個團隊都變成C咖，」我說。

「沒錯，」霍華嘆口氣。

「我最近遇到很多人跟伯特的處境一樣。有的人甚至出現存在危機，覺得自己的能力跟企業對他們的預期與規劃出現差距，」我說。

「聽起來挺嚴重。為什麼你說是『存在危機』呢？」霍華問。

低能化危機帶來道德掙扎

我思考了一番後才回答。「因為這樣的落差會消磨志氣，讓人覺得對不起良心，」我吸了一口氣，開始分析起這個令我憂心的現象。

「現在景氣差，很多人害怕改變，守著原本的工作，雖然更賣力，但學習得不夠，專業成長也不足。因為企業對他們的期望有限，做起事來綁手綁腳，覺得自己被『低能化』。

「我有個朋友剛好面臨一模一樣的處境，她說，這就好像在進行馬拉松訓練，卻被一些沒使盡全力跑步的隊友給包圍，她生理上沒辦法突破重圍超前，心理上沒辦法擺脫他們的思維。她擔心長久陷在其中，自己的核心能力會慢慢削弱。一想到這點，就令她灰心喪志。

「對她這樣的人才來說，遇到這種情形會帶來道德上的掙扎。他們的表現符合雇主的期待，老闆也擺明不需要員工有更好的表現，但是這些人對於自己沒有百分之百發揮潛能感到不安。

「既然是拿錢辦事，就該做到最好。偶爾不必太努力工作是挺好的，不過日子久了，他們對自己沒有追求最好的表現、公司有問題時沒有伸出一臂之力或提出替代方案，覺得良心不安。

「他們的精力就這樣日復一日、年復一年地消耗掉，全心付出卻總是得到上級不置可否的回應：『這個點子很好，但我們沒興趣』、『做得好，但我們不予採用』、『謝謝你主動幫忙，但我們勉強能過關，暫時不用你的協助』。到最後，這些人終究會面臨

> 即使是天底下最難走的迷宮，
> 總有方法找到出口。
> 不能被動地期待機會自動送上門。

道德的三叉路口，不是選擇少付出、少愧疚，就是心情更加鬱悶、更忿恨不平。

「而且，景氣如此低迷，這些人根本無計可施。他們不想留在壓抑靈魂的工作環境，擔心待太久會愈陷愈深，跳脫不了。選擇離開的風險又太大，更何況有些人可能覺得自己已經被現實磨鈍了。」

主動尋找機會

霍華點點頭，把手搭在我的手臂，說：「相信我，我完全理解你說的這種人。他們覺得自己沒有選擇，身陷迷宮找不到出口，別人卻說這年頭有工作就該知足了。三十年前，很多哈佛商學院的同事也是這麼想，」他臉上露出苦笑。

霍華繼續說：「一般人常會低估自己，但就算現實苦悶，還是有解套的辦法。即使是天底下最難走的迷宮，總有方法找到出口。重點是要積極進取，不能被動地期待機會自動送上門。

「記住，成功的企業都懂得正面對抗經濟情勢，時時改變公司願景與目標，然後自我投資，找出自己的優勢加以強化，為即將到來的機會做好準備。我們也可以學習企業的這種做法。我甚至覺得，不論是為自己、為依靠我們的人，我們都有責任積極迎接挑戰。」

霍華此時向服務生比了個手勢，請她再拿兩杯冷飲來。

「我們每個人都有機會找到讓雇主了解、充分運用我們個人專長的理想工作。如果不主動尋找這種機會，我們就是在欺騙自己罷了，走到這個地步就真的糟透了。」

。。。

每個人難免都有質疑自己能力的時候，或苦尋不著大展身手的環境，只有超級自信或自負的人才敢說沒這種問題。葛洛絲曼（Mindy Grossman）是家居用品購物網HSN的總裁，也是身經百戰的經理人，她曾說：「努力不讓依靠我的人失望，是我人生的一大動力。」

第二章提到的蔻普在大四那年創辦了「為美國而教」機構，即便如今貴為執行長，她心中還是常常會有疑慮，擔心自己是否有能力帶領這家規模愈來愈大的全國性組織。但從「為美國而教」經營得有聲有色的成績來看，她的擔心顯然是多餘的。

初入職場、換工作，或迎接全新挑戰時，我們特別容易低估或誤判自己的專長與潛力，即使是哈佛商學院的教授也避免不了。

管理自我懷疑的情緒

霍華退休後，哈佛商學院創立霍華・史帝文森企管講座教授席位，以表彰他的貢獻。這個講座席位最後頒給艾森曼（Tom Eisenmann）教授。艾森曼當時在哈佛已是受人敬重的教授，獲頒講座教授時仍覺得不敢當，直說「跟隨大師的腳步戒慎恐懼」。

「從我上研究所以來，霍華就一直是我們的良師益友。能獲頒講座教授，我覺得受寵若驚。畢竟，霍華是讓我找到人生志業的貴人。我剛開始教書時不太順遂，他助我一臂之力。當我知道要搬進他工作幾十年的辦公室，實在百感交集，有些自豪又有點不好意思，感覺像是在太歲爺頭上動土。」

為了心安並討個好運，艾森曼請霍華留下辦公室的個人物品。結果，霍華留給他一尊象神雕像，象神在印度教中象徵智慧、財富、謙卑，是創始與破除障礙之神。

艾森曼回憶道：「這個紀念品太完美了，一方面鼓勵我在職場展開新的一頁；另一方面，我也在教人如何當個優秀的創業家。創業家不正是開創新局跟破除障礙的高手嗎？」

我也曾幾度質疑自己選擇的職涯路是否正確，剛進社會時如此，遇到不同轉折點時也是如此。

漸漸地，我學會預判每次碰到新狀況或狀況不明朗時，可能會有的不安全與恐懼，然後訂出計畫，管理這些情緒。

不過，我從康乃爾大學畢業時還不懂這個道理。當時，我一畢業就進入森尼韋爾（Joie de Vivre）連鎖飯店，在創辦人康里（Chip Conley）底下工作。

康里不但有副好腦袋，而且創意十足，願意跳脫框架思考，對旗下員工的怪點子來者不拒。

於是，年僅二十二歲又自信過頭的我，三天兩頭就針對新的產品服務拋出建議，或是提出「更好的」營運策略。在以飯店管理學聞名的頂尖學府讀了四年，我對公司的每個問題都有自己的解答。

多年後的現在，回想當初那些比我有經驗、有頭腦的人一定覺得我乳臭未乾。每次想到這點，我不禁覺得尷尬不已。

先找出自己的長處，
再尋找能發揮長處的職務跟組織，
更能激發事業潛能。

康里對我那一籮筐不切實際或過於天真的解決方案，都會耐心解釋計畫中哪個環節不對，或是忽略掉什麼細節。

我提出幾十個構想都被評為有意思但不可行，我漸漸質疑起自己的能力：我真的擅長這一行嗎？我是不是自欺欺人，設定了過高的職涯目標？去銀行、顧問公司或一般企業上班，會不會比較好？

有一天，我的臉色可能看來特別鬱鬱寡歡，康里問我怎麼了。我回答他說，我擔心自己不適任，不如同事那般幹練。

「你想太多了，你表現得很好，」康里鼓勵我，「我會用你，是因為你總是能提出好點子，我不需要你知道所有問題的答案。」

我向康里表示，謝謝他的鼓勵，但大多數同事似乎比我更懂得解決問題。

「有可能，」康里說，臉上難得露出厭惡的表情，「那是因為很多人只解決簡單的問題，遇到大問題，他們就給安全的答案，不肯冒險也不想挑戰既定框架。他們在乎別人對他們的看法，你不會從他們那裡得到什麼好點子。」

「你呢，時時刻刻都在挑戰既定的框架，老實說，有時候真是太多了……」果然，我就知道康里快被我逼瘋了。他繼續說：「但我寧可你這樣，也不要你猶豫不決，擔心別人怎麼看你。」

低估自己，高估他人

「你要記住，」康里繼續說：「**心裡的自己比不上眼中的別人**。」

「什麼？」我問。

看我一臉困惑，他哈哈大笑，說：「人的天性就是只注意別人彰顯在外的優點與才能，以為他們沒有缺點。同時，我們還會低估自己的長處，放大自己的缺點。如果你能知道別人在想什麼，可能會發現，他們也有擔心和信心不足的時刻。」

我後來發現，康里的道理也適用於組織。不論規模、使命、組織架構或企業文化如何，在外人眼裡，總是比自己人認為的光鮮。

我所觀察過的企業、大學、非營利組織、連鎖集團或顧問公司，幾乎每一家都有這種現象：在局外人眼中，它們的營運既有效率又有效益，然而在內部員工眼中就不見得如此。

我明白康里的重點是，以別人的眼光看事情，就會發現別人也有不安全感。我很感謝他對我有信心，但他希望我在飯店發揮什麼功能，我仍舊不是很清楚，只好低下臉直接問：「如果我沒有辦法解決問題，你為什麼還要用我？」

「我用你，是要你問問題，問題問對了，最後就可以找到答案，」他說：「你常常比別人多看到好幾步，就像厲害的曲棍球球員能預測傳球路徑。你現在的預測還不準，等日後經驗多了，就會比別人更快打到球。」

專注於加強優點

事隔多年，此刻我和霍華坐在咖啡廳裡回想起那段對話。「我以前沒有看清楚自己的專長，」我對霍華說：「康里的觀點對我找出職場競爭優勢很有幫助。幸好我當時沒有向自我懷疑的聲音投降，不然就沒機會聽到他那番話了。」

霍華點了點頭，唸了一遍「心裡的自己比不上眼中的別人」，說：「這句話是有幾分道理。我們常被內心的不安全感給蒙蔽，無法理性評估自己的能力。有很多人對自己的印象都停留在以前的自己、以前的專長。

「事實上，我們應該像瀏覽網頁一樣，定期按『重新整理』鍵，更新自我評估結果，再依新版本，積極追求適合的工作角色。畢竟只有極少數幸運的人，才會碰到老闆主動說：『你的能力不止於此。你在目前職位或許駕輕就熟，但你有實力承擔更具挑戰性的工作。』」

「這麼說來，伯特就是少數最幸運的人了。但大多數人都得自己規劃職涯發展，該怎樣發揮專長跟潛力？」我說。

霍華喝了口飲料，想了一會兒才回答，「有幾個辦法。」

「首先，不要只看自己的缺點。專注在你的優點以及怎麼加強優點，」見我滿臉懷疑，他說：「我知道，這跟大多數人的觀念恰恰相反。打從幼稚園開始，老師就教我們要勇於改善缺點才會進步，我們的確在上頭花了很多功夫。

「但是，人可能有一大堆缺點，優點卻屈指可數。而且缺點又常常跟我們不喜歡做的事情有關係，改善起來更是耗費精力與情緒。如果一心著眼在改善缺點，只會導致失敗。」

「可是每項工作都有基本的能力需求。有時非得改善某個缺點不可，才能通過門檻，」我提出質疑。

「沒錯，但達到門檻後，就不要太執著了。已經做得很好的事情要做到更好，從這些長處慢慢厚植實力。記住，一件事不見得要做到完美，才能說那是你的長處。」

尋找能充分發揮的環境

「你知道嗎，我剛開始到曼哈頓工作時，常納悶最高的大樓為什麼都集中在市中心，比較矮的房子則分布在外圍。最後我想到，原來中區是岩床最靠近地表的地段，根基最穩固。剛好印證了你的比喻：**事業的地基要蓋在最穩固的地段**，」我說。

「對！」霍華回說：「而且研究在在證實，成功的領導者都是這樣，只做自己擅長的事，堅持做下去。至於缺點，只要找精通這些領域的好手來補足即可。所以我才會說，先找出你的長處，再尋找讓你能發揮長處的職務跟組織。」

霍華對怎麼發揮事業潛能的第二個建議是：想像能讓自己充分發揮的理想環境是

什麼樣子。回想你過去在這個領域的環境與做過的事，並問自己下列問題：

不論在家中、當義工，或是社交場合，有哪些情況或做哪些事情，使我覺得發揮了實力，也對成果很滿意？

在什麼地方或哪些情況下，大家喜歡找我幫忙，並且希望我能加入他們的團隊？

上述情況有什麼共同的模式？在哪些條件下我才有辦法將潛能發揮到極致？

哪些職務需要運用這些條件？到哪裡可以找到這些職務？我任職的公司有嗎？還是別處才有？

「你要找出每個問題的答案。然後拿同樣的問題去問了解你的人，例如伴侶、好友、信得過的現任同事或前同事。跟他們說你判斷自己的長處為何，以及該怎麼施展，請教他們的意見。不管

> 人生中每件事都是新事物的踏板，
> 抱持驚喜和好奇的眼光看生活，
> 才能過得心滿意足。

他們的回答有沒有幫助，都要心存感激，當成有用的資訊，」霍華說。

保持開放心態

霍華強調，問上述問題時務必認清：有些情況有助你展現優點，卻不那麼容易看出來。

「對於你不熟悉、卻有可能讓你大顯身手，往終身願景邁進的工作地點、工作方式、職務，要保持開放的心態。不要以為你的專長就只能固定走某條路線，可以參考那些跟你有類似優勢的成功人士。

「別忘了，你不必當個創業家，只要具備創業精神，同樣能打造出事業版圖，」霍華說。

這句話讓我想起幾年前認識的芭芭拉，她就是懂得發揚創業精神的人。我告訴霍華，她最大的優勢是有衝勁、腦筋靈活、積極主動，並且同時是跆拳道與合氣道的黑帶高手。在工作場合中，她喜歡跟人互動。

她擔任過幾家企業的人資訓練專員後，開始對這一行感到厭倦，也不喜歡朝九晚五的工作環境。於是，芭芭拉決定綜合所有專長，創立職業婦女防身術課程，並說服了一些企業、醫療保健公司等團體，出資補助員工和客戶上課。一段時間後，防身術課程逐漸拓展，現在還涵蓋了一般健身課程與職場霸凌防身課程。

「她知道做這行不可能賺大錢，在財務管理和請款上也碰到意料之外的難題。但她每天都過得很自在，也很高興能開發並運用自己的優勢。因為事業轉了個彎，使她朝長期願景邁進一步，」我說。

「誰想得到這商業點子竟行得通？」霍華笑說：「芭芭拉懂得跳脫原本的職涯路線，找到自己有熱誠也擅長的工作，很值得肯定。」

確實抓住現有機會

看看時鐘，快中午了，我等會兒要去見客戶，霍華要跟兒子安迪吃飯。我們把飲料喝完，準備走回我的飯店，霍華的車停在那邊。途中霍華又提出一個想法。

「艾瑞克，我們剛才討論的前提，都是在現況中無法發揮專長，但顯然很多情況並不是這樣，而是只要克服暫時的障礙，就有學習與事業發展的機會。在這種情形之下，就要先確實抓住現有的機會才對。

「舉例來說，升遷沒輪到你或好專案沒你的份，心情肯定糟糕透頂，尤其是第一次遇到這種情形的時候。但這並不表示眼前的鐵板沒辦法拆除。我會先委婉詢問上級的理由，請教他們我可以採取什麼具體做法，才有機會升遷或接到好專案。我還會跟他們討論有哪些累積實力的機會，例如，分派新事務或挑戰給我，讓我培養新的專長，也能藉此向上級展現能力。」

「如果老闆的回應是否定的呢？」我問。

「我說過，不論他們的回答有沒有幫助，都要心存感激，當成有用的資訊。就算是負面、沒有建設性的回應，效果跟正面回應一樣好，甚至更好，」霍華回說，朝我肩膀輕輕拍了一下，才說：「前提是，要坦然接受對方的話。」

對成功自有定義

走到停車的地方，我抱抱霍華，他祝我回紐約一路順風，並跟珍妮佛和兩個孩子問好，便鑽進車中。

看著他的車逐漸駛離，我不禁覺得自己真是三生有幸，能認識這位見多識廣、內心真誠的人。他的事業成就非凡，他卻能對別人的內在掙扎感同身受。他既能理解二十幾歲職場新鮮人內心的不安，也能體會四十幾歲男性上班族想尋求突破的無奈。霍華的智慧來自很多特質，同理心正是其中一項。

對於這兩種人，他的忠告是：「經營人生志業有成就又快樂的人，大多數都不是因為過度自信，也不是對自己的專長有十足把握。而是他們對卓越與成功自有定義，下定決心朝願景持續前進。」

人生實踐家

匹特曼

剛結束與匹特曼（Bob Pittman）一段深入而廣泛的對話後，此刻的我坐在桌前，努力想把兩個截然不同的畫面兜起來。

輝煌紀錄

第一個畫面是匹特曼給人的整體印象：他是有線電視與數位娛樂產業的先驅；他那一輩最有成就與威望的行銷人才；慈善機構的領導人，因推廣教育與打擊貧窮的努力，榮獲甘迺迪基金會「希望漣漪獎」（Ripple of Hope Award）。

這個畫面是根據匹特曼幾十年來的豐功偉業拼湊而成的。他成立MTV台與

VH1台；為學齡前兒童創建大受歡迎的尼可頻道（Nickelodeon）與尼可夜間頻道（Nick-at-Night）；他把MTV台經營成第一個獲利的有線電視頻道。擔任美國線上（America Online）總裁期間，他不僅帶動公司驚人成長，線上通訊與電子商務在他積極推廣下，更成為美國社會的主流。

他亦是美國線上與時代華納（Time Warner）併購案的主要推手。後來匹特曼離開鎂光燈，進入創投業，協助許多新創公司成立。直到近年重出江湖，接下清晰頻道通訊（Clear Channel Communications）公司執行長。此舉引發各界高度關注，因為清晰頻道是全球營運觸角最廣的媒體之一，旗下擁有全球最多家廣播電台（超過八百五十家），幾乎是全球最大的戶外廣告商，同時經營心享電台（iHeartRadio）數位音樂服務。

多年來他在慈善事業與非營利組織也貢獻頗多，他在MTV台籌辦史上規模最大的慈善演唱會LiveAid；在美國線上成立網路教育課程；擔任以消除貧窮為宗旨的羅賓漢基金會（Robin Hood Foundation）董事長、紐約大眾劇院（New York Public Theater）董事長，紅斑性狼瘡研究基金會（Alliance for Lupus Research）董事。

與他「世界之王」形象同時存在的，還有另外一面：他在密西西比州傑克森市（Jackson）出生，成長於五〇、六〇年代的種族隔離時期；父親是衛理公會的白人牧師，因鼓吹公會組織內種族融合，成為3K黨的攻擊目標；從小家境清寒，高中和大學要靠半工半讀才得以完成學業。

因失明而離開南方

你很難想像匹特曼曾有這段經歷。早年當過電台主持人的他音質渾厚清晰，完全聽不出南方口音，讓人猜不出他的出身。但跟他聊得愈深入，會發現即使長大成人，他的智慧、品德、情緒還是不脫從前那個小男孩的模樣。小時候的他與現在的他之間的內在關聯，就是他最顯著的特點。

童年時的經歷在他心中難以抹滅，改變了他對自己的認知，和他與這世界的互動。他六歲時騎馬不慎摔落，導致一眼失明。

「失明可能是對我這輩子影響最大的一件事，」匹特曼回憶道：「在那個年代、那種地方，身有殘疾的小孩會被同輩欺負得很慘。被霸凌成了家常便飯，我覺得跟大家格格不入。大家把我當成『那個獨眼龍小孩』，沒把我當匹特曼看。」

我問他，這樣的經驗對他的職涯有何影響。「這麼嘛，第一，這是讓我逃離密西西比的最大理由。我接下電台的工作，先是播報，後來又製播，待過密爾瓦基、底特律、匹茲堡、芝加哥等地，最後在紐約落腳，幫WNBC製作節目，」他回說：「認真說來，我或許是家裡第一個離開南方的人，搞不好是家族從十九世紀抵達密西西比以來第一個。

人生是結合種種經歷的過程

「因為童年被排斥的經驗，我很關心六〇年代的民權運動。這也成了我日後慈善工作的重點。

「從職場的角度來看，我有衝勁、勇於接受挑戰，可能都跟童年的經歷有關。因此我看待事物角度也跟周遭的人不同，這是我能做出成績來的一大關鍵。

「另外，我堅持幫助別人做到更好，讓他們能發揮才能。身為領導人，如果說我有什麼長處，那就是我善於打造團隊，讓每個人明白自己扮演的角色有多重要，激起他們對使命的熱情。」

我問他現在再回想小時候的遭遇，會不會覺得生氣或是辛酸。

「毫無疑問的，痛苦的回憶還遺留在我心中。但我生性樂觀，相信人生百分之百是結合種種經歷的旅程，即使是負面的經歷，也能從中學到東西。正因為這些經歷，才有今天的我。

「人生中每一件事都是新事物的踏板，我相信，抱持驚喜和好奇的眼光看生活，才能過得心滿意足。」他總結。

08

鏡中的馬賽克

人生的衣櫃裡，
不會有分門別類標著
「成功」、「充實」與
「富有」的西裝，
你拿出來套上就好。
天底下沒這種事。

霍華出生於動盪的年代，美國剛走出多年的經濟困境，又面臨前所未有的軍事衝突。雖說過去十年出生的小孩的處境也差不多如此，但霍華可是出生於一九四一年六月。三〇年代的大蕭條好不容易結束，第二次世界大戰又起。

他出生半年後珍珠港事變爆發，在二〇〇一年發生九一一事件之前，這件事對美國民心一直都是最沉痛的打擊。

霍華幼年住在猶他州的哈勒戴（Holladay）小鎮，在那個艱困的年代，他自然以生活周遭的大人為學習對象。他發現參加童子軍就是一個好辦法。他十二歲加入童子軍，一路迅速晉級，十三歲就蒐集到足夠徽章，升至最高等級的「鷹級童軍」。童子軍有許多銘言都讓他受益良多，例如最基本的「隨時做好準備」，也是創業家片刻不忘的座右銘。他還學到要珍惜與人合作的機會，以及服務社區的責任感。

從生活中尋找學習對象

宗教是猶他州的生活重心，霍華家信奉摩門教，有一段時間他從宗教信仰學習人生道理。他現在仍是有信仰的人，但他的邏輯分析能力於青少年時期萌芽後，漸漸不完全認同摩門教的信念。信仰不虔誠導致家人和教會對霍華失望，霍華自己也覺得跟大家有隔閡，但摩門教某些核心價值仍是他堅信不移的道德觀，尤其是家庭與持續學習的重要性。

撇開宗教上的分歧，家人在其他方面對霍華的支持與教誨是無可計量的。他出生時父親正在海軍服役，地點就在遭遇日軍轟炸突擊的珍珠港。他們一家住在離海軍基地不遠處，六個月大的霍華想必也聽見隆隆砲火。

第二次世界大戰期間，霍華的父親雷夫表現優異，在幾次戰事險惡的太平洋戰役中負責指揮通訊單位。戰後，他利用通訊與技術專長開了一家無線電供應店，也幫人安裝客製化音響系統，後來成為一家製造商的業務代表，負責西部幾州的市場。

雷夫為人熱情親切，全力支持小孩。他對霍華生活或工作上的疑問有問必答。霍華從父親的事業學到許多道理，有些是父親口頭叮囑：為什麼賣這個，不賣那個；為什麼跟這個人做生意，不跟那個人做生意。他學到最重要的觀念，是父親表現在日常行為中的價值觀。

霍華最常提到關於他父親的價值觀有兩個，一個是「為有需求的人提供協助」，一個是「讓人買到物超所值的東西」。霍華曾開玩笑說：「我父親照這些原則來做事，難怪沒辦法變成有錢人。不過，由於做人正派，他晚上不會良心不安、睡不著，走到哪裡都受歡迎。」

霍華不但把父親的價值觀學起來，更進一步發揚光大。他幫助人一向義不容辭，不論同事、學生、朋友都一視同仁。身為企業主，追求獲利的同時，也為客戶創造超出預期的價值。因此，他跟父親雷夫一樣，走到哪裡都受歡迎，甚至接到太多邀約，如果真的每個邀約都答應、每個人都見，他這輩子行程絕對滿檔。

母親桃樂絲對霍華的影響尤其深遠。她雖然只有高中畢業，但知識廣博、好奇心十足，顯然她就是這樣栽培霍華的。她注重心靈成長，還帶點反骨個性，是第一位取得猶他州無線電火腿族執照、成為業餘無線電人員的女性，霍華不盲從主流的性格應該是受母親影響。

霍華的叔叔、阿姨、祖父母都住在附近，來往密切，對他有很深遠的影響。霍華從擔任會計師的阿姨身上學到商業頭腦；叔叔是極富創意的商人，堅決不被別人的想法所限，也深信點子沒有好壞之分，測試過後才見真章。熱愛戶外運動的祖父，八十五歲還在爬山，從他身上，霍華學到人生如歷險，以及要懂得珍惜大自然。

拼湊獨特的榜樣

回顧霍華的家人與童年，讓我們稍微明白是什麼塑造出今日的他。霍華從四、五〇年代猶他州家庭傳承的個性、觀點、經驗，某種程度上確實影響了他，但今日的霍華之所以在世界上占有一席之地，絕對不是單純從家庭教育便能解釋的。

我所認識的成功人士中，霍華可說是不折不扣的「白手起家」。他的父母不是有錢人，他靠自己的力量賺了大錢。事業上，他上高中時甚至沒有「創業」這個詞；直到一九五九年上大學前，他從不認識擁有MBA學位的人。

就連人生的榜樣，霍華也是自己尋得。他對家人、社區敬重有加，也從老師身上獲益良多，卻從未以某個人為範本，想效法別人走的路。為了找到人生方向，他將自己的經驗和心得，或觀察、原則及構想，拼湊成一幅「馬賽克」全景圖，用來指引自己要成為怎樣的人、要做什麼事、為什麼要這麼做，又要往何處去。

霍華真的很特別，我很欣賞他獨創的「馬賽克」概念。這個概念指，雖然從生活周遭的人身上擷取經驗、知識，卻不必跟他們一模一樣。我們想成為什麼樣的人，那個畫面可以由不同的片段拼湊而成，不必因為別人對你有既定的期許便照抄過來。

發掘機會，突破限制

我從小在紐澤西州鄉下的中產階級家庭長大，雖然我家距離紐約市只有一小時車程，但不管是社會、文化、經濟上卻差了十萬八千里。我的高中同學幾乎沒有人上大學。母親在國中教了三十年書，在我父親做生意大起大落之際，用自己的收入支應家中開銷。他們兩個人辛苦持家，雖然談不上物質享受，但我跟姊姊從來不需為吃穿煩惱。我們家算不上窮也談不上富裕，就跟許多家庭一樣，想辦法在景氣如雲霄飛車的八、九〇年代勉強度日。過去幾年，相信很多家庭也是這樣的情況。

成長過程中，我時常跟自己的生活有某種距離感。父母常常開玩笑說，我應該是出生時被掉包了。他們都是一板一眼、行事低調、不喜歡與眾不同的人。而我總是在嘗試新事物，尋求冒險與突破的機會。

我是高中班上唯一一個猶太人，這環境對我來說發展空間實在太狹隘了，幸好有維克朗這個好朋友。出生於印度移民家庭的他，父母親的觀念一樣傳統，他也覺得跟生活有距離感，努力想掙脫求學與社會上的種種限制。

事業心上，我和維克朗都與這世界格格不入。我們希望能發揮些許影響力，攀登事業高峰，同儕中能理解我們這種野心與理想的人少之又少。身邊的朋友都不像我們這樣充滿天馬行空的點

> 我們想成為什麼樣的人，
> 畫面可以由不同片段拼湊而成，
> 不必照抄別人既定的期許。

子或事業夢想，當然更沒有值得學習的榜樣，為我們指引最好的事業路徑。維克朗在立定事業方向的問題比我少得多，因為他向來專注、自信又有紀律，很早就選好要走投資這條路，也跟著規劃清楚的路線全心全意往前衝刺。現在，他是非常成功的投資人，在耶魯大學教課，也出過書。

我的職涯就沒那麼明確，沒有前人可以當學習的模範。試想，一九八八年時想嘗試新事物、建立人脈、創業的高一學生，能有什麼明確的方向？

在森林深處找到人生嚮導

當時的我有點迷惘，彷彿黃昏時獨自走在紐澤西州西北部的森林，卻沒有指南針可以指引方向。

沒想到，我的人生嚮導早在森林深處的霍帕康湖（Lake Hopatcong，紐澤西州最大湖）等我。這麼說有點誇張，他們其實是在湖畔開了一家夏季營業的餐廳。

「傑佛森餐廳」的老闆是約莫四十歲的兄弟檔比利．歐司（Billy Orth）與艾倫．歐司（Allan Orth）。他們的父親正值青壯年時買下這家餐廳，不久便過世，由兩兄弟接手經營，一晃眼過了二十個年頭。傑佛森餐廳採複合式經營，夏天開餐廳，淡季時提供外燴服務，獲利頗豐。

九年級結束的暑假，我第一次遇見他們。我們家到傑佛森餐廳吃過幾次飯，我很喜歡那裡的用餐環境，尤其是波光粼粼的湖水和環繞四周的森林。我喜歡坐在湖畔觀景桌，看著船隻緩緩駛進，停靠在船塢。這對兄弟檔老闆很有趣，每次看到他們，就好像看到芝麻街可愛又親切的放大版布偶。那年暑假我想找打工機會，自然就想到這個餐廳。雖然我沒有什麼經驗，但我一副熱情積極的模樣打動了兩兄弟，讓我負責煎漢堡、炸薯條、準備捲餅佐料等工作。

歐司兄弟的生命課程

我開始為歐司兄弟工作時，他們已經從餐廳和外燴生意賺了不少錢，隨時退休都可以。但賺錢不是重點，他們樂在工作，似乎烤爐愈熱、客人愈樂，他們就愈有活力。

艾倫還沒進入餐飲業前學的是電腦，閒暇時他會自己組裝電腦，餐廳內想得到的設備系統都被他拿來敲敲打打過。大塊頭的他一頭亂髮，滿腮鬍鬚，總穿著舊短褲和

POLO衫。

別看艾倫的外表不拘小節，管理忙碌而擁擠的廚房時，心思卻相當敏銳，身手也矯健得很。餐廳後台在他掌舵下運作得有條不紊。每次想到這個在煎漢堡時自得其樂的傢伙，原本有可能在太空總署上班，就覺得好笑。

比利負責餐廳前台，除了跟客戶閒話家常，還管理上菜服務生與吧台人員。把大家服侍得妥妥貼貼，他最在行。他人緣超好，熱情又有頭腦，連員工被找碴、顧客等位不耐煩，或偶爾有人多喝了幾杯，他都有辦法應付。

我當時很欣賞比利的另類思考與見招拆招。有一次，有個客人態度惡劣，快上演全武行時，比利輕輕「幫他一把」，把他推到湖裡，所有客人跟員工頓時響起掌聲。（實務派的艾倫則是站在幾呎外，他聽到外頭亂烘烘時就從廚房拿出平底鍋，隨時準備伺候）。

比利是我第一次見識到擅長「人際關係」的人，就是他決定讓我在烤肉區協助艾倫，讓艾倫專心管理廚房，偶爾也能喘口氣。

連續三年暑假，我幾乎每天都待在又熱又吵又擠的廚房工作，卻甘之如飴。因為我喜歡跟愛搞笑、人來瘋、會照顧人的艾倫共事。休息時，我喜歡走到船塢旁的桌子找比利或是客人閒聊。快打烊的時候，趁廚房已經收工，我會特地晃到湖邊，跟忙了一整天的兩兄弟閒話家常。他們的話題天南地北，東拉西扯，偶爾還是會講到正經事，教我怎麼經營事業、管理員工，怎麼當個負責任的大人（雖然兩兄弟都謙稱自己不是），就像是一堂堂迷你的人生課程。

第一位人生導師

我懷念那幾年的打工經驗是有原因的。首先，我喜歡那景色宜人的餐廳，光站在船塢看著微風徐徐拂過湖面，就足以讓人心曠神怡。最重要的是，艾倫跟比利兩人指引我走上現在的事業道路。雖然當時我並不知道，他們是我最早認識的創業家，在我心中播下創業種子，穩穩地成長茁壯到今日。

從他們的一言一行，我了解與同事建立好關係、團隊合作的重要，他們把員工和顧客視為大家庭的成員，對我的事業目標也給予無限的支持，還為我寫申請康乃爾大學的推薦函。直到今天，他們仍舊是我最忠心的啦啦隊，每次見面時，總是不忘給我和兩個兒子熱情的擁抱與鼓勵。

比利跟艾倫是我人生中的貴人。過去二十五年來，因為有他們當學習對象，我從青澀的男孩成長為獨當一面的男人，生活觸角也從小時候的社區，延伸到更寬廣的事業圈與人際圈。雖然我並沒有完全按照他們的事業路線走，但我依然把他們視為學習的榜樣。不論是待人處事，或是依他們個人價值觀制定出的營運決策，都值得我效法。

他們也是我第一位人生導師，他們的支持、建議，以及身為創意「商人」的經驗，讓我不斷在學業、事業持續精進。從這些方面來看，我能勾勒出人生志業，他們功不可沒。

。。。

我曾多次見到霍華失望的樣子，多半是因為對方一再做錯事、說錯話。（他很少在人第一次犯錯時有負面反應，寧可相信對方是無心之過；但第二次再犯，你就會看到他垂下眼睛，不禁搖頭）。在某些場合，我也看過他因為對方誤解或扭曲了某個情況而發脾氣。

有一次我印象特別深刻，因為我就是讓他失望的人。那天，我們在波士頓洛根機場（Logan Airport）候機室聊到怎麼為人生目標建構願景。

他問我，如果兩個目標互相衝突時該怎麼辦？我答不出來就隨便回應：「很簡單啊，我想只要為你的一生做個個案研究，照著做就行了。」他揮揮手表示不接受，再問了一次。「我是說真的，」我回說。

「跟著你的腳步走，難道會錯嗎？」我一方面想開玩笑，一方面是想吹捧他，現在回想起來，我承認這樣回覆過於草率，我用一個簡單的解決方案迴避掉他想討論的重要抉擇。

你無法成為他人

霍華當然發現我想逃避問題，不肯讓我用「霍華模式」敷衍了事。他臉上的表情前一秒還是溫暖好奇，這一秒卻變得凝重專注，「把我當榜樣是一回事，」他語氣冷冷地說：「如果你變成另一個霍華．史帝文森，我可真會氣死。」

就算他賞我一巴掌，震撼力都不如這句話來得大。我坐著半晌沒敢出聲，既吃驚又慚愧。

> 願景、職業、組織機構或專業等
> 三個視角的榜樣要融合才行，
> 不是每項找出一個榜樣就大功告成。

他大概意識到自己過於激動，小心琢磨接下來的話，「你聽好，艾瑞克，」他說，語氣和緩許多：「我很感動，也謝謝你的抬舉，想追隨我的人生道路，把我當成學習的榜樣。」

「豈止是跟你學東西而已！」我說。

「好好好，」他說，手輕輕揮了一下，感覺拿我沒辦法，「我剛才會那麼激動，是因為一個人如果到達我現在的地位，總是會想證實自己的想法與經驗，希望學生能實踐在生活中，因而複製出一群專業理念相同的人。這個現象在高等教育界屢見不鮮，無論是商學系、英文系，還是物理系，都看得到。組織不論規模大小，營利還是非營利，領導者都鼓勵養成某一種專業性格。但是我很努力不這麼做，看到身邊的人想照單全收模仿我，我就會糾正他。

「我看過很多人，不管三七二十一就把某個模式套用在自己的事業上，就像硬要穿下不合身的衣服，」他露出親切的微笑，再度開起玩笑：「如果身邊的人都用同一套方式做事，就好像出現一堆穿著小丑制服的複製人。當然，這種方法或許很快奏效，讓每個人都開心，但長久下來，大多數人會找不到事業上的成就感，納悶鏡子前的那個人究竟是誰。」

登機廣播打斷了霍華的話。我們拎起行李朝登機門走去，他邊走邊說：「很多人，不只是年輕人，都誤以為前輩的願景跟人生方向可以套用在自己身上。然而，別人的願景再偉大，你也沒有辦法完全變成自己的。願景是量身訂做的。別人覺得幸福滿足是由許多因素與際遇造成的，而且是他個人所獨有。俗話說得好，一種米養百樣人。就算你跟隨前輩的每個腳步，也不能預期有同樣的結果。前輩跟你的經歷不同、你們沒有共同的記憶、家人與朋友更不一樣……他，不是你。」

做自己就好

他把登機證遞給空服員，給她一個微笑，轉頭把話說完：「人生的衣櫃裡，不會有分門別類標著『成功』、『充實』與『富有』的西裝，你拿出來套上就好。天底下沒這種事。所以要注意你效法的對象是誰，為什麼要效法他，又要參考他哪一方面，做為自己設定目標、做選擇時的依據。」

走在空橋上準備登機時，我想了想霍華說的話。面臨人生重大抉擇時，直接拿現成的模式來套用當然簡單得多；找出自己的價值與目標需要費一番功夫，相較之下，抓住別人重視的價值觀不放，顯然輕鬆多了。照單全收似乎是比較快速、有效的做法。但長期來看，你就會發現這樣既不省事，也不合理。

就算你真的想當某人的複製品……抱歉，也沒辦法。我好希望擁有霍華現在的成就，但不想跟他一樣離婚、患心臟病，或教書（說實話，古典樂最好也免了）。我好希望跟森尼韋爾連鎖飯店創辦人康里一樣事業有成，但我不想住在舊金山，因為我老婆跟小孩不想離開紐澤西州的親人。這麼一想，我覺得自己現在的工作比霍華的好玩多了！

霍華提醒我，人性的美妙就在於，每個人都是獨立的個體，不管是自己想擠進某個模型或社會強加諸在我們身上，都無法改變這個事實。霍華喜歡引用畫出史努比的漫畫家舒爾茲（Charles Schulz）的一句俏皮話：「**做你自己就好，別人的角色已經被別人演走了！**」

他還建議，應該吸收人生榜樣的觀點，激勵自己誠實面對內心真實的想法。仔細觀察並深入思考別人如何確立願景，再仔細思考你眼中幸福而有意義的人生該如何定義，不要一味模仿別人。

回想我們的對話，霍華講得殷切而深入，顯然深思過這件事。我想多聽聽他的看法，坐定位後，我問：「如果今天你要尋找人生榜樣，你會選誰？你希望能從人生榜樣身上學到什麼？」

大人幻想出來的朋友

霍華想了片刻，「我有幾點建議。第一，我會提醒自己人生榜樣的定義與限制。」他停下，露出調皮的微笑，說：「人生榜樣就是大人幻想出來的朋友。」這句話真是標準的霍華用語：純真、簡單而中肯，好玩又實際。霍華繼續說：「人生榜樣是我們選擇性地從別人的故事拼湊出來的。在大部分情況下，人生榜樣在我們心中是不輕易更新的靜態畫面，可以反映我們未來的樣子，但我剛剛也講過，不能完全參照。

「根據我的經驗，如果只以一個人當榜樣就錯了，應該要結合許多不同的畫面。**最好的人生榜樣，其實要像一幅馬賽克畫，集結許多人的特質，成為你自我期許的形**

象。把每個特質獨立拉出來看，都應該與你現在或未來的部分特質和個性相關。」

「那些白髮蒼蒼、被人奉為榜樣的傑出人士，如果知道自己被你說成『成年人幻想出來的朋友』，真不知道會作何感想，」我說：「但你說『人生榜樣馬賽克』的概念很有道理，我懂。」

從不同窗口往外看

「很好！因為我第二個建議是根據那個概念而來的，」霍華回說：「把某人視為人生榜樣時，我會試著從他的角度來看事情，包括：願景、事業、組織機構或專業三個方向。雖然勢必有重疊之處，但各有不同視野。同時，務必要清楚你是從哪個『窗口』看出去的。」

他解釋說，從**願景**的角度看，你要注意人生榜樣具備了哪些特質，是你所能認同，讓你更明白自己是誰，想成為什麼樣的人。你研究他們的願景，進而勾勒、改良自己的願景。不是套用他們的願景，而是觀察願景中的每個組成因素，例如：他們的道德觀、投入精力的方式、家人和朋友在他們生命中的位置、是否有同理心與建立交集，以及如何展現努力與堅持。追根究柢，就是要了解他們希望在世界上留下什麼影響力，又能怎麼幫你勾勒出願景目標。

霍華建議，在**職業**角度方面，可參考人生榜樣的工作選擇與職涯道路，讓你約略對自己的事業發展有些靈感。「這個視野比願景來得窄，有助於評估競爭優勢、哪裡可以培養長期的個人專長、怎麼避開問題或克服劣勢等，」他說。

組織機構或專業的角度最狹窄，霍華說：「這個視野很集中，重點擺在如何達到特定組織或專業的目標。從這類人生榜樣身上，可以學到怎麼展現你既有的能力，如何在目前的公司找出成長機會，如何在組織金字塔逐步往上爬，或者是在你的行業裡掌握利基。」

馬賽克畫應完整而多元

「我覺得，如果是組織或專業中的人生榜樣，『可預測值』應該高很多，」我說：「因為視野比較專注、變數大幅減少，便可更精準預測哪些價值在將來對你是有用的。」

當然，不能只是串聯許多短期預測，還要按照自己的需要，拼貼出適合自己的人生榜樣馬賽克。」

「你說得有道理，」霍華回說：「這三個視角要融合才行。我不是說，大家列出A、B、C三欄，每一欄找出一個榜樣就大功告成。應該要想清楚，自己到底想成為哪種人。」

「你的人生榜樣馬賽克是由幾個人組成的？」我問他。

他往椅背一靠，想了想，「這個嘛，我猜應該很多。十幾、二十幾個，說不定更多，我沒仔細算過。當然包括父母親、我太太菲笛、哈佛商學院幾個同事和公司同事……我在不同事業階段曾經把許多人看成人生榜樣。願景的榜樣比較少，職業的榜樣多一點，組織機構和專業的榜樣最多，有點像是金字塔。

「但榜樣的人數多寡其實不是重點，」他說，朝我膝蓋拍了一下，「重點是，我有沒有一幅完整而多元的馬賽克畫，讓我從中看到：我是誰？往何處去？又該怎麼走？要是這幅畫不完整，我還能以誰為學習對象，補足缺漏的一塊？

「說真的，就算我今天能回答出我的人生榜樣馬賽克有幾個人，以後也可能改變。我以前的人生榜樣有很多，但我迎接新的挑戰後，他們的角色也就慢慢消退，因為我把眼光轉到為我指引下階段人生道路的其他榜樣上。現在，我的目標是要找到『過著快樂退休生活』的榜樣，我能從他們身上學到什麼？」

空服員推著餐車走過來，我們接下兩瓶低糖汽水。霍華把飲料倒進杯子，不疾不徐地喝起來，幾口下肚後，回到剛才的話題。

以取得榮譽徽章的人為榜樣

「接下來這個建議就很重要了，」他說：「拿我很久以前當童子軍的經驗來比喻：你想要拿到什麼榮譽徽章，就看誰已經拿到，便以他為榜樣。」

「等等，你說什麼？榮譽徽章？」我問道。

「童軍裡有很多領域可以鑽研，如果在某一領域展現特出技能或知識，就能獲得榮譽徽章。童軍總共有一百多個徽章，不可能每個都拿到。但只要二十一個就能拿到最高等級的鷹級。人生也是如此，只不過榮譽徽章取決於你的願景、價值觀，還有你最重視的幾個『自我』。

「如果你想拿到某個特定徽章，像是當個好爸媽、出名、追求更高學位、服務社區，或賺大錢等等，都應該找出已經取得那個徽章的人為榜樣。但這麼做還不夠，」

他加強語氣說：「因為你在某方面拿到徽章，就表示你可能拿不到其他方面的徽章。要知道，你可能對每個徽章都很重視，但是，追求這一項就會影響追求其他項的能力。舉例來說，你想在公司內迅速高升，難免要犧牲身材與健康這兩個同樣重要的徽章。」

成功有其代價

「表面上，這個道理好像人人都懂，」我說：「實際上，一般人通常不會想到該停下來思考這位榜樣為什麼吸引人。」

「大家常會看到成功的人，直覺就想複製他，卻不了解成功有其代價，必須犧牲生活其他層面。舉例來說，找到一份新工作時，以公司的『明星』員工為仿效對象再尋常不過，這麼做可以幫助你在新環境中找到方向感，知道公司重視的事物是什麼。但如果只聚焦在這些榜樣的某個環節，最後可能會發現，他們的願景跟你差距甚遠。

「有的女性以家庭為重，有的當上主管，希望在四十歲前賺大錢，她們追求的徽章不一樣；有些男性重視同事情誼，希望受到大家喜愛；有些則是績效導向的主管，只看生產力與工作效率，他們追求的徽章也不一樣。就連看似走在相同事業路的人，想爭取的徽章也不見得相同。比方說，專門進行癌症術後重建手術的年輕整形醫生，和專精整形美容手術的資深醫師，兩個人追求的徽章不一樣，無所謂好壞，只是影響到他們生活與投入個人資源的方式。

「所以說，你的情況如果跟你的人生榜樣不一樣，便會導致兩種類型的挫折感：一種是自慚形穢，因為你沒辦法做到像榜樣一樣好；或是你辦到了，但每天回家還是覺得生活和工作有種空虛感。」

職涯相同，追求也可能不同

霍華把喝完的汽水罐遞給空服員，語氣突然嚴肅起來，「人有百百種，要花很多工夫才能找到真正的人生榜樣，有時乍看之下對方和自己很一致，其實未必如此。我剛開始在哈佛教書時，發現許多資深同事在工作上重視的事物跟我不一樣。起先我會想：『這怎麼可能？我們在這裡不就是要追求同樣的目標嗎？』顯然答案是否定的。」

「為什麼差異會這麼大？」我問。

「我觀察到兩個問題。第一，同事把重點放在如何教育出企業經理人，跟我一樣對創業這門學問感興趣的卻寥寥可數。許多人勸我不要研究創業領域，我記得有一次在寫教學用的個案研究時，同事還說，寫創業家的個案簡直是倒退了二十年，」他苦笑說：「第二，許多同事排斥新觀念，但我覺得接受新觀念應該是教育的本質才對。而且，對老師怎麼當才算好，他們的見解也跟我大相逕庭。老實說，很多人覺得每年都在做同樣的事很無趣。

「後來我想通了，原來我希望從他們身上學習的榜樣，跟我想要的東西並不同。他們對成功有不同的定義，而且他們的生活也不是很快樂。所以我才會離開哈佛，發誓這輩子不再回來。在那個環境很難找到自我，我當初很篤定『哈佛商學院教授』這個榜樣在本質上不適合我，因為我觀察到，好幾個同事都不是我想效法的對象。」

離開並非痛苦的決定

這是霍華第一次跟我提到自己還是年輕教授時的想法，我很驚訝他竟決定離開哈佛，當時的他想必下了很大的勇氣。全球各地的大學教授哪一個不想到哈佛教書？他竟然在三十六歲時毅然離開，放棄終身教職，可說前所未聞。後來我才慢慢了解，他沒有選擇的餘地。離開，對他而言並非痛苦的決定。

他的同事追求的徽章跟他不一樣，他們的願景不同。霍華跟我們大多數人不同，他很早便勾勒出終身願景，當時，他實在看不出繼續待在哈佛商學院對往願景邁進有何幫助。

人算不如天算，霍華離職反而使學校轉變，不到幾年，新任院長為教職員的角色重新定位，整個商學院也大幅改變。天生注定要教書的霍華，接受校方邀請回哈佛任教，並成立創業課程。他逐漸找到志同道合的新同事，還把其中幾個當作仿效榜樣，學習他們在專門領域的成就。

花時間釐清目標

「終於到該下結論的時候了，以後還有感想再說吧，」他說：「真是可笑啊，整趟旅程都在講我的人生，我怎麼選擇、運用人生榜樣。你注意聽了，」霍華假裝很慎重、自以為是地說：「人生榜樣的話要畢恭畢敬地聽，千萬不要照單全收。」

我噗哧大笑，走道另一邊的女乘客被我嚇了一跳，「是的，萬能的大師啊，」我回說：「請您再開示，您說的話我一定句句質疑。」他聽了也是一陣大笑，女乘客再度面露不悅。

「大多數人回顧生活跟事業時，都太過強調目的性，」他說：「當有人坐在他們腳邊，眼神充滿愛戴地看著他們，請他們分享自己的奮鬥過程時，人生榜樣會說：其實，我一開始就知道自己的目標在哪裡，過程的每一步我很清楚，一切水到渠成。

「他們並不是故意誇大其辭，只不過在潛意識中，不免把過程修飾一番，粉飾曾經跌倒的地方，強調信心滿滿和篤定的地方。真正的經歷或許是：他們的確達到目標，但他們可能花了很長時間，才了解自己往哪個目標前進。或許他們並沒有按步驟走，甚至還倒退過幾步……你明白我的意思。」

不要套用別人的模型

「我懂，這就回到你講的第一點，」我說：「人生榜樣是由很多故事所組成的，可以讓我們了解自己是誰，想往哪個方向走，又該怎麼朝目的地前進。最後，我們必須決定如何把故事跟現實世界搭上線。」

「說得好，」他點點頭：「想成為怎麼樣的人，儘管去找值得效法的人生榜樣，但也要花時間了解他們的目標，包括現在的目標，以及他們遇到人生轉折時的目標，才成就今天這麼吸引你的一號人物。不要假設他們的成功都一帆風順，切記，千萬不要套用別人的模子。」

人生實踐家

南西．賓可

艾瑞克．賓可（Eric Brinker）跟我是交情超過十五年的朋友，認識他時，我在一家集團企業工作，他剛從大學畢業，我是他第一份工作的主管。共事期間，他的表現一向從容不迫，讓我好生佩服。雖然他父親是成功的企業家，母親也是名人，但艾瑞克．賓可是我所認識最踏實穩健的人之一。他工作認真、思想創新，在家是個好兒子，在外是大家的好朋友。無論誰見了他，都會直覺認定「他真是不錯」。

成功而謙遜

朋友這麼多年，我最近第一次跟他的外交官母親南西．賓可（Nancy Brinker）面對面聊天。老實說，我完全沒想過南西是怎樣的人。看艾瑞克・賓可這麼有教養，南西想必是個慈母。但我知道南西是個有決心、高知名度的女強人，成就深受國家肯定。幾年前她受頒總統自由獎章時，歐巴馬總統形容她是「撫慰全球苦痛的一盞明燈」；《時代》雜誌把她列為全球百大最具影響力人士。

我從多年的職場經驗學到，有成就的人未必謙虛。但真正見到面後，我才知道南西其實是個大方、謙虛、不愛成為焦點的人。還沒來得及感謝她撥空見我，她劈頭就說，很開心看到兒子的老朋友，一陣寒暄過後，我們切入正題，談到霍華跟這本書的構想。

她聽完後說：「我不確定自己是不是你想寫的人。我不像哈佛教授那麼聰明。你知道我的ＳＡＴ分數是伊利諾州最低的嗎？高中時我要很用功才能得到好成績。就連九十二歲的老媽現在還會開玩笑說，那些頒給我榮譽學位的大學當初絕對不會錄取我，」她笑了出來：「不過如果能幫得上忙，我很樂意。」

南西不過是自謙罷了，她其實很聰明，很快明白為什麼我想訪問她：就算並非出於本意，她已經是許多人學習的榜樣。

「人生中有榜樣可以學習確實很重要，我的人生就是如此，」南西回憶道：「我們家族中有許多女性長輩值得我效法，她們對於協助人群不遺餘力。」南西的奶奶移民自德國，協助成立伊利諾州皮歐立亞市（Peoria）第一個紅十字會。母親則協助成立當地第一個女童子軍團，並且深信行善是富人的義務。「我小時候，她會定期檢查我們的衣櫃，上個月沒穿過的衣服，她會捐給地方上的慈善機構，完全不管我們想不想留下這件衣服。她的觀念是，如果我們不穿，就應該讓其他人穿，」南西說。

她的姊姊蘇珊繼承這份服務人群的情操，「她是全世界最棒的義工，很關心其他人，」南西回憶。

只要認為是對的，就該堅持下去

蘇珊與乳癌奮戰多時，最終敵不過病魔，於一九八〇年病逝，得年三十六歲。這件事對身為妹妹的南西來說，是人生中重大的轉折。她發誓要找到擊敗乳癌的方法，讓其他婦女不必像蘇珊一樣遭受身心煎熬。為了實現誓言，她成立蘇珊科曼乳癌防治基金會（Susan G. Komen for the Cure），日後成為全球防治乳癌的頂尖機構之一。這個轉捩點清楚而有力，決定了南西日後三十年的道路[*2]。

南西投注極大的熱情、精力、智慧與決心，務必把基金會打造成宣傳科學、醫學與公共衛生的強力推手。基金會成立以來，投資估計二十億美元於乳癌研究、教育、篩檢與治療計畫中，全球五十個國家的女性與男性都從中受惠。基金會的招牌慢跑活動也吸引全球支持者共襄盛舉，一九八三年時只有八百人參加，現在參賽者已超過一百五十萬人。

「每當人們說我多麼有名，把我當成榜樣崇拜，總覺得有點不自在。這不是我刻意追求的目標。我從來沒想過要出名，我非常認同霍華所擔憂的名人文化。不過我很務實，名氣與聲望是很有力的工具，可以幫我達成打擊乳癌的最終目標，讓全球幾百萬名婦女同胞不再受苦，」南西解釋道。

她也知道，不見得每一個敬佩她的人都想追求跟她一樣的目標；而跟她具同樣目標的人不見得會敬佩她。她明白，每個人都有自己的熱情所在，想接受的挑戰不會相同。所以我請她談談別人以她為榜樣時，希望學習她的哪些特質與想法。南西既是女

*2 姊妹的承諾與成立蘇珊科曼乳癌防治基金會的過程，都記載於南西於二〇一〇年出版的著作《答應我》（*Promise Me*）一書。

兒、妹妹、妻子、媽媽，又是企業家、外交官、作家、基金會主管，以及生藥研究的倡導人，歷練豐富，有太多值得分享之處，其中有三個觀念我跟霍華也討論過，因此印象特別深刻。

「我在成立乳癌防治基金會的過程中，紐約著名慈善家拉絲克（Mary Lasker）對我影響很大。我認識她時，她年事已高，是一位智慧與經歷豐富的長者。我對她凝聚眾多支持者的方式深感佩服。她讓我意識到，要做到真正的改變，就要把關鍵多數的民眾往同一個方向推進，」南西回憶道。

時時擁抱新事物

「我後來明白，如果你想解決大問題，就必須願意設定大目標，建立實質而創新的合作，彼此承諾，並願意竭力履行承諾。這些要素都具備後，就能創造出我所謂的『超凡創業精神』，大家彼此信任，不怕承擔風險、不怕犯錯，才能取得重大進展。」

講到推動進展，她說：「我相信聚沙成塔與持續改變的力量。就算再難，只要你認為是對的，就應該堅持下去。一夕之間發生的事物通常缺乏深度，也不持久。成功不見得一定要大勝，在很多情況中，尤其是生藥研究領域，最大的勝利可能來自把最小的那塊拼圖放到位。我常說，蘇珊科曼乳癌防治基金會從一個人、一個社區、一個州、一個國家開始凝聚全民的聲音，」南西說。

此外，南西跟霍華一樣，認為每個人都要有清楚而不斷更新的終身願景，「我覺得終身願景不會有拍板定案的一天，畢竟人不可能做到完美。我們每天都要求進步。世界每一天都在變化，你對自己的規劃不能一成不變。要學會時時擁抱新事物，調整自己的視野，才能看到新世界。」她說。

09

尋找人生催化劑

只要我有心得可分享，
我就覺得有與人分享的義務。
只要我有能力
接受新體驗和新挑戰，
我就能從前人的經驗獲益。

霍華經過好幾週的休養，回到學校全職上課那天早上，我們深談了許多事，他講到幾個應該寫在這本書裡的重要概念。聊到一半，天外飛來一個問題：「你知道什麼是催化劑嗎？」讓我有點摸不著頭緒。

我遲遲沒回答，許多年前上過理化課，如今怎麼也想不起催化劑的定義。（「詩人物理學」是我大學時拿到最低分的一堂課，印象倒是十分深刻），「嗯……催化劑是幫助產生物質的東西對不對？」我回答。

「理論上，催化劑能啟動或加強化學反應，它本身不會發生變化，但會對其他物質產生持續影響。催化劑的作用很重要，從食物的消化到化學製造過程都少不了它。我希望這本書也能有催化劑的效果，激發讀者去思考人生志業，勇於提問並且採取行動。但這裡頭有個潛在問題，」霍華停下來。我沒接話，想讓他把話說完，因為我不確定我們在講的是理化還是職涯。

「想把這本書當成職涯催化劑有個問題，那就是，書畢竟只是書，」他說。

打造貴人團隊

我看起來應該是一臉茫然，因為他大笑了出來，反問：「你不知道我為什麼這麼說吧？」見我點頭，他解釋道：「這類型的書，若要產生催化劑的效應，就要幫助大家從新角度看待人生志業，給大家能夠實踐並追求職場幸福感的構想，對不對？」

我回說：「我的目的就是這樣沒錯。提出有效的方法，讓大家融合想法與行動。我希望讀者會覺得，這本書像一位有智慧又熱心的好朋友，說：『我們一起來想辦法』，稍微推你一把，讓人有起跑的動力，並且持續往前，就像催化劑一樣。」

「說得太好了，」霍華說，拍了桌子一下。

「雖然我們希望能達到那個效果，但書畢竟不是人，沒有生命。我們可以提供有用的框架，讓讀者思考該問什麼問題、該怎麼找到答案，又該怎麼付諸實行，這仍舊是單方面的訊息傳遞。讀者沒有機會跟你我直接互動。再說，每個人的情況不同，我們不見得就是輔導他們的最佳人選，畢竟我們不認識他們。

「所以，人生遇到問題與挑戰時，還是要與人有實際互動，尋求具體與特定的指導。」

我馬上領會他的意思，因為貴人一向在我的生命中扮演相當重要的角色，讓我往充滿意義與成就、沒有遺憾的人生邁進。「難就難在這些貴人（也就是人生的催化劑）通常不會說來就來。經歷過轉折點，你才會發現自己有多麼需要貴人相助。你必須**主動打造你的貴人團隊**，而這個團隊樂見你的成功，」我說。

「這就是我們應該傳達的概念。現在，就讓我們開始吧。」他說。

。。。

霍華除了擁有哈佛博士學位，也雅好文化藝術。他的藝術收藏品來自全球各地，同時也是古典音樂迷。他飽覽群書，對歷史、政治、科學題材特別感興趣，最喜歡的書是英國生物學家道金斯（Richard Dawkins）所寫的《自私的基因》（*The Selfish Gene*）。

我的文化素養就沒他高了。我讀的書大多跟商業有關；我喜歡看百老匯，我們家最常聽的歌是兩個小朋友哼哼唱唱的童謠。因此，霍華會好意幫我定期調整文化天線。

良師益友是最好的資源

比方說，我知道「mentor」這個字可以當名詞，是「良師益友」的意思（例如：某人是我事業上的良師益友），也可以當動詞，表示「指導」（例如：老闆請我指導新進的年輕分析師），但我不知道這個字的由來。

「這個字原本是人名，」霍華耐心解釋給我聽：「在荷馬寫的希臘史詩《奧德賽》中，主角奧德賽國王遠赴特洛依戰爭，經過重重的考驗終於歸國返鄉。他出發前請長者曼特（Mentor）來教導幼子。演變到現在，mentor就成了顧問導師之意，指導經驗不足的新手。」

霍華認為，許多人在面對生活中的困難時，都誤解並低估了良師益友的概念。

「很可惜，」看來他似乎找到今天的話題了，他說：「在你遇到無法理解、不知如何解決、不知缺少哪些能力，或下一步要怎麼走的情況時，最好的方法常常就是請教人生導師。」

「你為什麼說人生導師被大家誤解並低估了？」我問。

「原因有幾個。首先，很多人就是不喜歡聽別人的意見。年輕人自然的反應就是聽不進勸告；好勝心強的人則自視甚高，覺得詢問別人的看法就是示弱。你以前也說過，聰明人常以為自己樣樣都行。還有人覺得，只有親身經歷過的體悟才是自己的，聽別人說的都不算數。這些人都有一個基本問題：他們身邊有深刻豐富的資源，恰好可以補足自己智慧與情緒的缺陷，卻不懂得挖寶，」霍華說。

建立真正的師徒關係

「其次，置身高度網路化的社會，我們容易忽略去請教有實際經驗的人，忘了面對面吸取他們的知識與指導的好處很多。敲敲鍵盤就能取得全世界資訊，使我們忘記資訊跟知識是兩回事。」

他解釋：「還有，許多人低估導師的價值，因為現在許多工作場合都有導師的概念，卻把它看得太簡單了。幾乎每一家搬得上檯面的組織都有所謂『師徒制』，幫助新進員工熟悉環境，培育明日之星，或讓新任主管有一個中立公正的請教對象。雖然用意良好，實際執行的效果卻有好有壞。我所見過的例子大部分根本效果不彰。」

「用意良好，執行卻差強人意，」我說。

「說得好。因為導師跟徒弟的工作內容相似，職級又有高低先後，就把兩個人放在一起，是最常見的錯誤做法。範圍小還算可行，資深的化工專家可以協助年輕的博士畢業生適應工作環境，並提供寶貴的指導；資深記者可以教年輕同事怎麼讓職業球員願意受訪，但這種狹隘的定義限制了導師的作用和價值，」他說。

「要真正發揮導師的效果，不能只用一種衡量標準指派，」霍華加重語氣說：「絕對不是這個人有相關經驗或技術上懂得比較多，就能當導師。許多組織正是因為忽視這一點，才會使師徒制的成效乏善可陳。兩個人因看起來相似而被湊成師徒，但他們的目標、價值觀，以及生活重心不見得相近，」他納悶地搖搖頭，「雙方當然會覺得這種師徒制長期下來沒有意義。」

根據霍華的說法，師徒制要成功，「導師和徒弟必須要能夠契合，這是兩人培養關係的基礎。」

怎麼解決企業的師徒制度，並不是這次談話的重點，但我相信有機會的話，他很樂意跟人資主管討論這個話題。他認為，人生如果有導師為伴，彷彿為人生志業增添催化劑，能發揮強大無比的效果。

釐清導師與榜樣

同時，霍華相信，每個人都有必要積極主動尋找，並培養自己的人生導師。我意識到他接下來要講的重點，於是便問：「如果不能倚賴正式的師徒制，大家該怎麼建立真正有用的個人師徒制呢？」

霍華指出：「首先，我們要釐清另一個常見的誤解。導師跟榜樣是完全不同的概念，很多人都搞混了，才會覺得失望。

「人生榜樣可以是人生導師，但兩者的目的不同，跟你的互動也不一樣。**人生榜樣**是你**效法的對象**，你無法跟他直接建立關係；**人生導師**則**跟你關係密切**，他會對你發生的所有事打破沙鍋問到底，幫助你了解採取什麼行動和選擇，會導致什麼樣的結果。」

我說：「換句話說，人生導師樂於成就你，在你追求人生志業時推你一把。」

「這樣區分導師跟榜樣很好，在尋找人生導師時，還要注意人生導師其實有兩種類型。**事業導師**針對你事業上的細部操作提供建議，包括短期內在某一組織的工作，或是換到不同公司的長期事業發展。

「**終身導師**則帶給你更具深度與廣度的視野，從整個人生來看你的事業。就我的經驗而言，大多數人尋求的都是事業導師，卻不知職涯發展應符合終身願景，如果有人提供指導與建議，就能走得更順利，」霍華說。

「當然，這兩種類型的導師也有重疊之處，不能混為一談，或認為有人能身兼兩個角色。未必有人能同時勝任這兩個角色，給你明確的指導，」他說。

「話說回來，」我假裝嚴肅地打斷他：「身為我的人生導師，你倒是兩種角色都做到，異於常人！」

他被我的讚美逗笑，不置可否，「找人生導師時，一定要認清自己的需要，以及你正在找哪一種類型的導師。一方面可以獲得你需要的意見，一方面對方也清楚該從什麼角度來指導。」

「好，那事業導師跟終身導師的重點有什麼不同，你可不可以再多講一點？」我問霍華。

有效評估職涯發展資訊

霍華想了一會兒，點出他對這兩個角色的看法。**事業導師較專注在短期的細部操作上**，可以幫助釐清兩大類資訊，為你目前的工作和未來幾年的事業發展提供協助。**第一類資訊**和你的**個人背景**與**職涯發展方向**有關：你的興趣和目標，與目前組織的使命、策略、文化，以及你的職涯方向是否契合。

事業導師能帶著你思考，要達到中、短期事業目標，有哪些路可以走，如何從中選擇最佳路徑。途中若遇到絆腳石，事業導師會教你怎麼找到應對辦法，下次碰到類似路障時如何避免。事業導師通常知道你目前雇主的種種：哪裡有地雷，哪些人應該避開，哪些又值得仿效。

此外，事業導師還能協助評估你的步調是否合宜，每一步是否走得有價值。霍華開玩笑說：「好的事業導師甚至會把你架起來拷問：『過去一年，你是學到十二個月的經驗，還是把一個月學到的經驗重複十二次？』」

第二類資訊指的是**競爭優勢**與**劣勢**。事業導師能幫助你有效評估，在目前的專業領域中，你的專長與能力是否足以達成目標。事業導師就像一面鏡子，如實反映你有多棒。擁有這樣的資訊，你就能思考如何把優勢在工作中發揮到極致，甚至拓展更多能力。

霍華強調：「還有一點也很重要，好的事業導師會提醒你，你是否具備在職涯上成功的必要能力，還是你在自欺欺人。」

把不同層面視作一個整體來考慮

在我理解這些觀念後，我們開始討論終身導師的角色。霍華說：「終身導師在意的是你人生志業的整體趨勢，用心理學詞彙來形容就是『完形』（gestalt）。你的人生志業並不僅是把工作、事業、家庭、其他事集合起來，」終身導師會把這一切視作一個整體來考慮。

許多人會直覺地問：「我現在的工作跟終身願景契合嗎？走哪條路達成終身願景

的機會最高？當好幾個目標都很重要時，有沒有更好的方法能同時處理，或者排出優先順序，增加達成目標的機率？」

「真正厲害的終身導師還會問一些直覺比較想不到的問題，比方說：對你來說輕而易舉的事，跟能帶給你長期成就感的事，兩者之間有沒有區別？能發揮你某個長處與競爭優勢的事，是否反而使你離終身願景愈來愈遠？這些人們較少考慮的問題，有時反而帶來最重要的啟發，」霍華說。

霍華指出，遇到人生轉折時，終身導師特別能助你一臂之力。「遇到狀況時，若有老手幫忙確認情況、分析長期和短期的影響、擬定因應之道，是再幸運不過的事了。」

。。。

顯然，霍華跟我都深切體認人生導師的價值。某個下著雨的秋日，我特別提起這個話題，我們討論到三個重要的細微差異，霍華想花時

> 當徒弟的不能消極被動，
> 好的導師不會不請自來。

間解釋一下。

「第一點，我之前提到，導師和徒弟要能契合，我的意思並不是指要完全速配。其實，兩人太相近反而適得其反，畢竟你希望導師能提供不同的觀點。所以，人生導師不見得要符合你十年後想成為的模樣，」他說。

尋找最適合自己的導師

「從這點來看，導師不見得跟你有同樣的目標，或看起來跟你很像、行為舉止跟你一樣，或是同種族、宗教、個性。相反地，你應該尋找有幾種基本特質的導師，」他扳開手指數著，說：「提出正確問題的經驗和見解；對你的答案和找答案的過程表現出真誠並且感興趣；提出客觀、具體建議的能力。最重要的是，願意花時間了解你的價值與願景。這四個基本特質齊全了，」他兩手手指扣住，說：「導師與徒弟自然契合，才能產生催化劑的效果。」

霍華提到的第二點無關導師，而是徒弟，「當徒弟的不能消極被動，好的導師不會不請自來。你要思考清楚你在找哪一種人，在哪裡找得到，然後投入時間精力培養與維持師徒關係。」

「從我個人經驗來看，不要害怕向比你層級高許多的人請教。大部分人會想：『這些大人物為什麼要理我？』愈高階的人，知識、經驗和見解愈豐富，就算沒有得到實質回應，尋求大人物的意見，跟他們打好關係，也沒有壞處。當然啦，不能叫一個新人跳過七個管理層級，直接找資深副總當導師。但找比你高一兩階的人當導師，絕對沒有問題，」我說。

師徒制並非單行道

「這又跟我要講的第三點有關。願意當導師的原因有很多，我願意當後起之秀的導師，最大理由是，我覺得有回饋社會的責任。捐款給慈善機構固然很重要，願意花時間精力指導後輩，卻是回饋社會更好的做法，」霍華說。

「雖然這麼說，但師徒制並不是單行道。徒弟受益的程度當然比較多，但他也需要在個人價值方面回報，讓導師感受到相同的真誠與關切。真的有心找到好導師的人，應該會了解這點，」他更進一步解釋。

「真有意思。你身為別人的導師，除了從回饋的過程中得到滿足，還有什麼好處呢？」我說。

他想了想，笑說：「知識上的益處是一定有的，我可能從對方那裡聽到新觀念，也能知道對方把我的想法拿去測試後的結果，或許算是一種『田野調查』吧。最基本的回報是，能夠跟不是每天例行工作中會碰到的朋友互動，感受他們的熱情與活力，這樣不僅能保持年輕，還能跟現在的潮流接軌，對我很有幫助，不怕跟小孩和孫子有代溝！」

聽他這麼說，我不禁大笑，想起霍華的徒弟教他怎麼用iPhone和iPad。還有一次我記得很清楚，霍華在臉書加我為好友，也是因為徒弟幫他註冊了臉書帳號。

。。。

霍華向來是我最神奇的導師，但我也沒有停止和其他人建立深厚的師徒關係。這些導師的能力超凡，也願意提供寶貴意見。一個人需要多少個導師，我認為應該視你投入多少時間精力去培養並維持師徒關係而定。

我在艾克斯的業務夥伴普斯蒙特便是我很重要的事業導師。有趣的是，我認識他快二十年了，他的導師角色也不斷演變。

對導師的需求應與時俱進

起初，我只是在普斯蒙特的公司實習的大二學生，畢業後為他做事。我們先後離開那家公司，我往其他領域發展，也待過幾家公司，但仍舊以他為事業導師。

後來我們聯手創業，實現了第一次見面就談到的計畫，師徒關係又有了新的轉變。時至今日，儘管我們於公是同事，於私是好朋友，他還是我的導師，我一直向他取經。有趣的是，他現在也從我身上學到一些東西。

從我跟普斯蒙特的師徒關係可以看出，因工作與生活經歷不同階段，每個人需要的指導也會跟著改變。我跟霍華的關係也是如此。研究所剛畢業時，霍華對我事業上的指導影響深遠，尤其是在我擔任哈佛的籌資人期間。幾年後我走上另一條路，霍華的事業導師角色也跟著轉變，因為在我的新事業領域中，其他事業導師的經驗比霍華深厚。

霍華做為我事業導師的作用雖然降低，終身導師的角色卻愈形重要。人生的挑戰有如千千結，要經營事業、養家活口，又要維持友誼、努力成為社群的一份子，很難面面俱到。霍華對此有獨特的見解，我從他身上偷學到好幾招。

跨世代延展師徒關係

我跟幾位導師關係的發展與演進，代表了一種師徒關係的循環。等到自己的經驗多了，有些人也會打電話來請我指導，希望能學習我的寶貴經驗。這些人當中，我覺得契合的就會特別維持關係，當他的導師。

我為什麼願意花時間在他們身上？為什麼要在週六下午接聽年輕經理人的電話，或是放棄和家人共度晚間的時光，撥出時間到大學授課？一方面是受惠於霍華、普斯蒙特、康里、提許（Andrew Tisch）等人太多，我覺得有責任傳承下去。另一方面，我知道為人導師自己也能受惠。

事實上，我觀察到師徒關係最棒的一點，就是可以綿延不斷，跨世代延展師徒關係，還會有相輔相成的效果。

我在康乃爾大學、哈佛大學的求學經驗，以及之前的工作，形成好幾個師徒圈，其中一個至少涵蓋了四個世代：普斯蒙特是我初入社會的導師，而我之後成為艾瑞克．賓可的導師，他當時剛從大學畢業，如今已獨當一面，在俄亥俄州創業。過了幾年，賓可在負責捷藍（JetBlue）航空的行銷活動時，又成了穆尼（Brett Muney）的導師。幾年後在艾瑞克．賓可的推薦下，我和普斯蒙特延攬穆尼到我們公司工作。

師徒的線就這樣一牽再牽。我相信穆尼未來一定會把這個師徒圈再擴大，穆尼、艾瑞克．賓可、普斯蒙特跟我四人種下的苗，日後開花結果，對我們的知識、心靈與實務都有助益。

永不停止付出

至於霍華催化出的師徒關係，這期間播種收割了多少代，受惠的好幾千人又獲得了多少助益，實在不容一一細數，我想霍華自己也不願意。這是因為他覺得為人師表就如同《聖經》〈傳道書〉所言：「當將你的糧食撒在水面，因為日久必能得著。」當你成為師徒間催化過程的一份子，又何必去算有幾代？

霍華不想計算的原因還有一個，他的導師角色與徒弟角色並未結束。「只要我還有可以給予的一天，我就覺得有一股責任感，」他退休後不久跟我說：「只要我有心得可分享，我就覺得有義務跟別人分享。只要我有能力接受新體驗和新挑戰，我就能從前人的經驗獲益。」

人生實踐家

雅蔻森

一般人聽到美國職籃NBA，腦海中絕對不會想到一位身高五呎，拿著雙胞胎小娃照片到處炫耀的年輕媽媽：我的大學老友雅蔻森（Rachel Jacobson），她雖然不打籃球，卻是NBA舉足輕重的大人物。

雅蔻森是NBA行銷夥伴資深副總，負責NBA與女籃WNBA的主要贊助活動。在她坐鎮之下，兩個聯盟與企業界和社區建立起不少重要的合作關係，合作過的企業包括：索尼（Sony）、電信大廠T電信（T-Mobile）、運動鞋巨頭福洛克（Foot Locker）、賽諾菲（Sanofi）藥廠與功能性運動品牌安德瑪（Under Armour）等，並跟體壇與娛樂圈建立許多突破性的夥伴關係。

此外，雅蔻森相當重視社區服務，與美國紅十字會、聯合國兒童基金會（UNI

CEF）及球隊所在城市的非營利機構都有大型合作案。內容多以兒童健康為訴求，例如：打擊氣喘與糖尿病、預防腦膜炎與流行性感冒。

助職場女性一臂之力

最近，我請她到辦公室聊聊，不是想談她在籃壇的近況，也不是要看她兩個小孩的照片（雖然不到幾分鐘，她便按捺不住拿出來分享，真的很可愛），而是希望認識她過去幾年參與的專業組織「婦女在美國」（W.O.M.E.N. in America）。這個組織以培育與輔導領導人為目標，雅蔻森曾是第一批女學員，現在開始「把愛傳出去」，協助其他女性在職場獲得成功。

套句運動界的說法，她是在推動其他女性朋友參與比賽並施展球技，目標是打進大聯盟。

「這個組織於約四年前，由幾位成就卓著的女性經理人共同創辦，她們因為參與二〇〇八年財星商場女強人高峰會（Fortune Most Powerful Women Summit），有感而發，成立了這個組織。創辦人包括：全錄（Xerox）執行長伯恩絲（Ursula Burns）、美國運通與奇異資融服務（GE Capital Services）前高階主管安柏（Joan Amble）、弗布萊律師事務所（Fulbright & Jaworski）合夥人艾迪森（Linda L. Addison），還有我的導師，也是運動品牌丹皮膚（Danskin）前執行長哈綺曼（Carol Hochman）。

「她們成立這個組織，是希望提供初入職場的女性一臂之力，讓她們把潛力發揮到最大；透過一對一的師徒關係，琢磨領導技能，建立事業上共同打拚的情誼，並且長期互相扶持。不管是資深主管，還是創業家，都能在各行各業擔綱領導人的角色，」雅蔻森說。

一對一指導

該組織挑選出二十五名年輕的「明日之星」參與為期三年的培訓，包括完整而專精的課程、會議及工作坊，不僅囊括相關專業領域的知識，還有處理日常職場挑戰的實戰心法。

「真正的催化劑是一對一師徒制。每個學員都會獲派一位對徒弟處境能感同身受的業界翹楚指導。師徒兩人每六至八週碰面一次，互相對話，這使學員受益良多，因為徒弟想走的路，導師已經走過。導師歷經許多挑戰，有時處理得好，有時處理得糟，無論如何都走過來了。徒弟第一次面對同樣的挑戰，有了導師的指引，便能從容以對，」雅蔻森說。

學員之間也依各自感興趣的專業路線，分成企業與行銷、公共部門、科技領域三組，每組八至九人。「意外的收穫是，很多人在培訓過程中關係變得很深厚。不僅專業上的同儕關係更加扎實，彼此也成為好朋友，形成一張相當緊密的支援網，」雅蔻森說。

我問雅蔻森，為什麼培訓計畫對有事業心的年輕女性這麼重要？女性升遷不是已經沒有障礙了嗎？

「艾瑞克啊，我也希望如此。當然那道隱形天花板已經出現很多裂痕，甚至開始瓦解，但許多組織中還是存在無形的牆。此外，社會對於女性在家庭與婚姻的角色仍有成見，無法完全接納成就或影響力高的女人。

「因此，師徒制想要解決各式軟硬課題，許多都跟實務上會碰到的有關。比如說，業務發展受挫該怎麼應付？怎樣有效推動策略規劃流程？有些問題則比較偏重人際關係，像是跟同級主管發生嚴重衝突該怎麼處理？大家對企業使命有不同的願景時，如何取得共識？」

雅蔻森補充：「師徒還會談到難解的個人問題，例如，為了兼顧工作與生活，如何做選擇？還有婚姻生活裡的現實問題，像是兩人在職場上都位高權重，或者妻子的事業比丈夫成功，該怎麼辦？」

「過去幾年，我發現很多女性朋友愈來愈重視這些課題，」她說。

當徒弟變成導師之後

我跟雅蔻森認識很久了，我知道她不在意我問她一些尖銳的問題，「這樣的培訓計畫對每三年被選上的少數人是很好，擠不進那二十五個名額的人，你們打算怎麼協助她們呢？」我問。

「女性朋友在職場無法發揮實力的問題單靠『婦女在美國』是解決不了的，這點我們很清楚，創辦時我們也沒料想能做到。現在於私部門與公部門就業的婦女愈來愈多，我認為我們有機會改善女性的職場地位。事實上，『婦女在美國』可以成為全美國、甚至全世界的模範。

「每個受惠於這個培訓計畫的人都能成為催化劑，徒弟變成導師之後的責任，就是要培育嶄露頭角的新世代，讓更多有才華、有企圖心的女性朋友站上事業高峰。」雅蔻森期望。

（想知道「婦女在美國」相關細節，請上官網www.womeninamerica.net）

10

建立個人專屬董事會

失足掉入地洞時，
最怕一群人吵著怎麼救你出來，
這於事無補。
最好是有人跳進來，
跟你說：
「我也掉進來過，
我們一起想辦法脫困。」

在網路字典查「催化劑」（catalyst）的定義，前兩、三個解釋都跟化學有關，看到後面會出現這樣的解釋：「加快事情進展或改變的人事物」、「因為言語、熱情或活力促使他人更友善、熱情或活潑的人。」

這些定義讓我想到，這不就是我跟霍華邊散步邊聊天時，常發生的現象嗎！

哈佛商學院的校園，我只要十分鐘就能走完；同樣的路程，如果在晴天跟霍華一起散步，有時卻要走上一小時。

這倒不是因為霍華走得慢，他其實是個急驚風，又深具創業家直覺，一刻都不願浪費。跟他散步的時間會拉這麼長，是因為路上遇到的人都想跟他聊個幾句，有時候單純跟學生打招呼，有時候講個一、兩分鐘，像是：「霍華，你今天看到期刊上那篇文章嗎？」最常出現有人說：「霍華，我真的很擔心……」然後把他拉到一邊請教，當場諮詢了起來。這還沒算霍華主動開口的次數，他有時看到同事經過會抓住對方說：「我跟院長討論過你的構想，他很喜歡。我們接下來應該……」

霍華就是活生生的催化劑。光靠他的個性、精力、點子、名氣，就能在散步時把事情張羅好。他偶爾提到自己很難認識新朋友，我實在難以置信。

連結互惠的人

某天我們開會時，我便見識到他跟兩名素昧平生的捐款人相談甚歡，會後在回程的車上，我就問他結交新朋友這件事。

「我當然了解廣結人脈的重要性。我很盡力做，也學習比較有效的方法。但我其實是有點內向的人，建立人脈不是我天生在行的事，」他回答。

紅燈時，他轉向我說：「你就不同了，天生懂得經營人脈。把兩個具互惠關係的人拉攏在一起，這點你比我強。」

我想了想，我贏過霍華的地方，確實就只有這點。（好吧，把網球也算進去好了，起碼我的膝蓋比他的年輕了三十歲。）他說得對，我的職業就是媒合人脈跟合作關係，這件事對我來說輕而易舉，畢竟我天生就外向。「或許吧！但對於一個自認內向又不懂得交朋友的人，你卻擁有強大的吸引力，許多人就像行星一樣繞著你轉來轉去，」我回應。

「沒錯，內向並不影響你建立人脈，尤其在建立事業人脈時。內向的人需更費心、更專注在建立關係上。相信我，我的目標不是讓大家以我為中心。結交人脈真正的好處不在於朋友的多寡，一輩子能擁有幾個良師益友就夠了。」

結交人脈在精不在多

他停下，想找適當的比喻來形容，「當你身陷困境，需要的不是一群人七嘴八舌爭辯該怎麼救你，而是需要有人跳進來跟你說：『我經歷過這種情況，讓我們一起想辦法脫困。』」

我照他的邏輯推下去：「換句話說。重點不在於你有多少朋友，而是他們是否與你契合。當你遇到挑戰與挫敗時，他們的見解、經驗、專業對你有沒有幫助。」

「沒錯。身邊有良師益友很重要，不只是遇到困難時，平常也很需要，」他回答。

建立人際支持系統

「每個人天生就對自己的長處和短處有盲點，往往專注在細節上而忘了大方向。每個人並不像自己想的那麼善於解決問題，我們會過分重視支持自己決定的資訊，這是天性使然，」他打了個比喻：「棋子本身很難看清整個棋局。因此，我們需要透過別人的觀點才能看得更透徹。」

車子開進他家的車道，他說：「進來坐坐，我倒杯飲料給你喝，再聊一會兒。」進到屋內，我們坐在餐桌旁，我喝冰茶，他喝健怡可樂。

「師徒關係的話題，我們之前聊了不少。我提到，生活中需要有扮演催化劑的人，光有導師是不夠的，還需要一群在各方面跟你有實質關係的人際支持系統。不管你是求助於某個人或是好幾個人，他們都能幫助你定義並追求人生志業，成功達陣，」霍華說。

「好極了！這值得深入討論，」我說，從公事包掏出一疊紙。

他露出尤達大師般的笑容，把紙滑向自己，說：「且慢，討論這個話題，你的想法就特別重要了，說不定還比我的重要。」他放下飲料並拿出筆，說：「這次換你主講，我洗耳恭聽。」

。。。

兩、三年前，我到紐約曼哈頓參加一場隆重的餐旅業頒獎典禮。雖然我對餐旅業很有熱誠，但好一陣子沒參加類似的大型宴會，剛好那天晚上的行程空了出來，所以決定赴宴。

踏進華爾道夫酒店美輪美奐的宴會廳，映入眼簾的是一排排歐式自助餐，酒吧提供的飲料應有盡有，幾百位賓客邊聊天邊談公事，這種場合每天晚上在全世界各大城市上演。

如果是十年或十五年前，我應該覺得如魚得水，腎上腺素激增，

> 重點不在於你有多少朋友，
> 而是他們是否與你契合。

迫不及待要認識新朋友，累積事業人脈。全場應屬我最積極，到處握手，等著遞出名片，認識完一個再搜尋新面孔。但是這天晚上，我反而在尋找熟人，而且半小時不到，我便覺得渾身不自在。我自己也說不出個所以然來。

深耕重要人際關係

直到我在康乃爾大學的學妹亞莉山卓（Alexandra）出現，我才發現問題出在哪裡。她走過來，親切地問候我：「什麼風把你吹來？」接著跟我握手，問我最近好不好。然而，聊不到半分鐘，她的視線就飄到我後方，想找下一個目標，為她愈來愈廣的人脈網再添一筆。

我這才恍然大悟，為什麼過去幾年我參加這種場合愈來愈覺得不自在。原來，這並不是我想建立的人脈。這類場合的交流互動隱含交易性質，流於表面功夫，於公於私都不是我想與人溝通的方式。亞莉山卓跟我聊沒多久，就找到她的下一個目標，離開時還客套地承諾會打電話給我，找機會吃頓午餐。

就在這時，我發現朋友漢波（Christian Hempell）站在宴會廳另一頭，我真是又驚又喜。他眼神放空地站在人群中，我走過去找他時，他剛好看到我，我做出「落跑」的嘴型但沒出聲，他馬上點頭如搗蒜。

幾分鐘後我們兩人溜出飯店，到附近找酒吧。我跟漢波已經幾個月沒碰面，很高興有機會跟他敘敘舊，後來我們聊到在晚宴中坐立難安的原因。

漢波說：「隨著年紀漸長，我愈來愈體認到，不論是工作或生活中，跟幾個特定的人好好培養感情才是最重要的。他們才是我真正關心，也真正關心我的人。

「我還記得剛開始工作時，老闆跟我說：『人脈不求多，要結識泛泛之交還不簡單。跟生活和工作中的核心朋友交心，才是重點。』

「我當時不太了解他的意思，心想：多認識人怎麼會是壞事？現在我懂了，與其把時間精力花在廣結人脈，還不如花同樣的力氣深耕幾段重要的人際關係……。要投資在我們在意的關係上，參加大拜拜式的宴會是達不到的。」

。。。

為什麼我腦海中會立刻浮現這段插曲，我建議大家不妨先想想「人脈」和「關係」

有什麼差別。**人脈**的用途是一**群人互相提供資訊與服務**；**關係**則是**人與人之間感情的聯繫或互動**，兩者有天壤之別。所以，**交際往來**與**建立關係**也是兩回事。

把這兩者混為一談的人不勝枚舉，我覺得大家搞混的不僅是字面語意，而是更深層的含意。霍華要我聊聊催化劑時，他知道我會把重點擺在這裡。

編織以你為中心的社交網

隨便問一個人的「人脈」有哪些，他可能會回答電子郵件的聯絡人有幾個，或臉書好友有多少等。這些當然都算，畢竟這類數位工具和社群媒體，是維持聯繫的有效方式。但是，大多數人的社交圈裡都是不熟的人，互動時間短，也不頻繁，頂多是泛泛之交。就像我那天參加的晚宴，兩人在正式交際場合初次認識後，便船過水無痕。當你需要跟其中某個人聯絡時，他們還不一定會回信或回電，他們並不是真正關心你的人。（霍華曾經建議我同事：「點頭之交不是朋友，社交不等於學到東西，別混淆了。」）

別誤會，我無意貶低工作上交際往來的重要性。研究報告一再指出，各行各業成

> 棋子本身很難看清整個棋局，
> 我們需要透過別人的觀點，
> 才能看得更透徹。

功人士的人脈愈廣，做事的成效愈高，特別是人脈的背景、能力、見解豐富多樣時，更是如此。一通電話就能找到對的人請教問題、處理重要工作，或是幫忙解決某個難題，人脈的價值確實很難以金錢衡量。

然而，扮演人生志業催化劑的人，應該是跟你完全不同的人，無論透過社群網路或面對面交往，都不可能呈現這個人應具備的深度與價值。雖然這麼說像是在跟臉書唱反調，但我認為不需把社交圈無限擴大，反而應精心編織出一張網，以你為中心，社交關係向四周延展。

每條支線末端都是你的核心人脈，他們樂見你成功，願意花時間和精力在你身上。他們了解工作和生活中的你，也希望能在你追求人生志業上推你一把。大至人生轉折，小從取得生活的平衡、工作或家庭上的生活瑣事，到理財或哲學思考，他們隨時願意向你伸出援手。

霍華常說：「他們是對你不離不棄、會跟你說實話的人，希望你既然做了決定就要做到好。」

你應該特意建立與維持這個催化劑團隊。為什麼呢？第一，你需要協助時，就知道要找誰。

第二，你需要協助時，不能因為有人主動幫忙就只倚賴他。雖然是出於好意，但他的特質、經驗、見解對你可能沒有實質幫助。一定要積極尋找扮演催化劑角色的人脈，甚至要拿出魄力。你需要的人，就要努力爭取！

爭取催化劑團隊的協助

我就是這麼做。為了提醒自己這些人扮演的角色，我幫催化劑團隊取一個名稱——個人專屬董事會（Individual Board of Directors，IBOD）。我是在十一、二年前想到的，當時我剛踏進社會幾年，工作上遇到瓶頸，這才發現自己的渺小與無知。我想把專業知識運用在現實情況，似乎又有衝突。

我漸漸體認到，若要達成終身願景、實現生活與工作的最終目標，不能沒有貴人相助。這些人的知識可以彌補我的不足，透過他們的視野，我才能看到自己的盲點。

我愈思考這番道理，就愈覺得這些人的功用，跟企業的董事會有異曲同工之妙。企業會延攬具特定專長的人組成董事會，這些董事具備有助於企業長久經營的各種經驗、學識與見解。企業經營面臨重大事務或轉折點時，董事雖能貢獻一己之長，卻不干涉企業經營的規劃與執行，而是站在策略制高點，評估與指導經營實務的整體品質、方向與價值。理想的董事人選也會提供超然獨立的回饋。

站在制高點上思考

同樣的，個人專屬董事會讓我能暫時退一步，評估我在人生重大關卡時的表現。在他們的協助下，許多疑問、難題、選擇都迎刃而解。

比方說：在我以為不會重回校園時，鼓勵我唸研究所；建議我立刻脫手卡布倫連鎖花店；撥出許多時間與人合作成立艾克斯公司；在景氣寒冬離開哈佛的安穩工作，毅然決然投入新公司。這些軍師在我追求人生和事業成就的過程中持續支援我，使我能扮演好稱職的先生及爸爸的角色。

運動比賽選秀時，你常會聽到這種問題：「我們要挑選具備全方位實力的選手，還是能填補隊上空缺的功能型選手？」籌組個人專屬董事會時，要選擇後者。不要只找身邊樣樣聰明、成功的人，或是唾手可得的幾位親友，應該先確定你想要的特定能力，再逐步延攬適合的對象。

組織各領域的精英

有鑑於此，每個人的專屬董事會成員都不盡相同。專屬董事會的目的，是要彌補你知識、見解、經驗和優勢上的不足，因此董事的專長組合取決於你的特定課題、挑戰及相對弱勢。每一位董事的共通點就是，他們都值得你信任，也有時間和精力投資在你的人生志業，並關心你的工作與生活。

我的個人專屬董事會中有幾位重要的董事——

主題專家：他們的專長是我定期需要卻不具備的。我之前提過幼稚園就認識的好友維克朗，他後來取得麻省理工學院博士學位，成為財務與資金管理領域的翹楚。我雖從事企業關係，在財務方面勝任有餘，但維克朗的層次高出我太多，可說是大師級人物。

他特別擅長分析總體經濟，精準預估全球金融市場的脈動，最近還以他在耶魯大學授課教材為基礎，出版《經濟興衰學》（*Boombustology*）一書。他也為個別投資人提供財務諮詢。所以，我把維克朗當成財務軍師，當公司股票投資需要客觀的專業意見，或是個人財務需要做出重大決定時，我都會向他請益。光是知道他可以當我的靠山，又懂得比我多，我就比較不會妄下決定。

共度事業與心靈挑戰

前輩先進：他們能幫我預期問題會出現在事業路上哪個轉角或哪段上坡。愛搞怪的森尼韋爾連鎖飯店創辦人康里，便是我事業道路上的前鋒。他跟我一樣，選擇走下傳統的企業階梯，在建立關係、服務導向的產業中創業。

他是個縱橫市場二十五年的成功創業家、發展組織文化的創新者，也是舊金山當地的社群領導人與慈善家。他曾經歷過高潮與低谷，嘗過失望與失敗的滋味，加上他對我的能力與興趣有第一手了解，所以能提供我獨特而寶貴的見解，教我應付事業上的挑戰與障礙。

心靈導師：他們了解我的思想背景，在我面臨心靈生活中的挑戰時，為我解惑。我的心靈導師便是傳奇的哈佛文理學院院長、八十四歲的羅索斯奇（Henry Rosovsky），我都叫他「老鷹」。我們的情誼完全跟工作無關，而是因我的人生志業衍生出來的。

老鷹的體態跟想法讓我想起我的爺爺，他的宗教觀和他得自東歐猶太教文化的薰陶，使我不會因汲汲營營於生活，忘了照顧心靈層面。跟他相處的每一分每一秒，沉浸在他的眼界、智慧、人文情懷中，總讓我備感充實。他對某家企業或產業有疑問時，只要我懂，我也很高興偶爾能向他回報我的意見。

為人生志業找軍師

拜把兄弟：他們跟我有共同的過去與經驗，能以較為宏觀的角度提供見解。我跟維克朗與康里雖然認識多年，但跟我的人生志業持續有往來的人，是我在康乃爾大學的同學鮑夫（Phil Baugh）。我在想什麼他都懂，從我們大一一起辦社團以來，我始終把他當成軍師。

我們的情誼來自於共事，就某層面來看，我們的共事關係從來沒間斷過。二十幾年來，不論我遇到的情況是好是壞，他一直見證我事業與個人的成長。因此，他不需要了解太多細節，就有辦法提出實質建議。

更重要的是，他似乎有神算功力，能預測出我會採取什麼行動，並指出如果事情進展不如所願時，應該怎麼做。在我需要決定未來該往哪走時，他能清楚回顧我的過去，對我的助益相當大。

隨需求更新導師名單

體操教練：他們是在人生平衡木上耍雜技的高手。我把漢波納入個人專屬董事會的原因很多，最特別的一點是：他是我認識的人當中最面面俱到的，對於該如何平衡生活中衝突的環節，有一套細微而深入的觀察。

他之所以能事事兼顧，全拜冷靜的個性和虔誠的宗教信仰所賜，他每天早上都會讀一段聖經經文；在權衡如何取捨時，他採取務實與靈性兼具的方法。一方面，他知道每天都有拒絕別人的必要；另一方面，他常會思考：「碰到這種情況，耶穌會怎麼做？」我們家在醫院待產那段時間，他幾乎每天打電話來關心，對於如何一心多用，我向他求教甚多，也仰賴他心靈上的加油打氣。

這五類人裡面並沒有霍華，因為他是少數能扮演多種軍師角色的人。

以上董事都是我個人專屬董事會的核心成員，短期內被我換掉的機會不大，另外有些短期性質、職責各異的董事席位，則是由其他人擔任。

為什麼說是短期呢？因為我的需要會隨時間轉變，這時就會把某些人換掉；有時是他們沒有時間精力繼續當軍師，就像大多數董事會有任期限制一樣。只不過，在個人專屬董事會裡，時間限制通常由我主導。

保持密切聯繫

跟企業不同的是，我的個人專屬董事會從來不需針對某件議題「表決」，所有決定最終由我定奪與負責。

> 不需把社交圈無限擴大，
> 應精心編織出一張以你為中心、
> 向四周延展的社交網。

同樣的道理，他們幾乎沒齊聚一堂過，大多數人根本不認識彼此；他們給我的指導來自於我們一對一的談話。（別忘了，這就像一張以我為中心點的蜘蛛網）。

因為大家沒有正式會面的機會，我刻意有系統地與他們溝通交流。所以，我把個人專屬董事會的名單貼在辦公桌上，不管有沒有特定事由，每兩、三週就想辦法聯絡一次。

常聯絡除了可以培養感情，就算我沒有特別要請教什麼事，每次聊天總能學到一些寶貴的想法。

成為能一起跳進困境的人

企業的董事會通常由投資人組成，董事會定期收到現金或股票報酬。我的個人專屬董事對我投資的是時間、精力、想法、關切，他們得到的是心理與情感上的報酬，而非金錢的回報。他們的滿足感來自於幫助朋友，看到朋友成功，便覺得與有榮焉，霍華形容這是自然互惠。

他們也能獲得些許的保障，哪一天需要我幫忙時，他們知道我一定義不容辭。

借用霍華的比喻就是：當他們身陷困境，我會跟著跳進去搭救，不是拿著一張逃生地圖，就是帶著兩把牢靠的圓鍬，準備一起挖出生路。

在此，我要問問各位：你的臉書好友中，有多少人願意陪你一起跳進困境中？

人生實踐家

班克斯

一九八八年推出的電影《龍兄鼠弟》描述一對異卵雙胞胎的故事，一個是肌肉猛男史瓦辛格（Arnoid Schwarzenegger），一個是矮冬瓜狄維托（Danny DeVito）。兄弟倆一出生即被拆散，長大成人後才找到彼此，一同冒險犯難，最終化險為夷，從此過著幸福快樂的日子。這個幽默搞笑的輕喜劇，早在我記憶中消失了好幾年，說不定在跟高中女友一起看完的那天晚上，我就把這部電影忘得精光。

最近我跟前紐約巨人隊後衛班克斯（Carl Banks）聊天時，突然又想起這部電影。分享了彼此對事業、工作哲學、人生目標的看法後，我不禁懷疑我們是不是親兄弟，只不過他是高大的黑人球星，我是瘦小的猶太人。

班克斯跟我一樣，全身上下散發著創業家的氣質。他體現了霍華對創業精神的定義：在既有的有限資源之下，追求商機。自九〇年代他從職業美式足球退休後，做過許多好玩又有意思的生意，最著名的便是女性運動服品牌 G-III Sports。

做生意要搏感情

我原本以為他是退休後才創業的，想不到他說：「其實打球的第二年，我就開始布局了。我對服飾業很感興趣，常常請教高手怎麼設計與行銷，盡我所能地從高手身上挖寶，同時尋找可能的合作對象。」

聽他這麼解釋，我又想起我們兩人另一個共同點。班克斯的事業跟一群興趣相仿、價值觀類似，專長與資源有交集的人，有著緊密而相輔相成的關係。他現在的事業，不論是合作還是結盟，許多都是從私人關係衍生而來。他有次提到：「我很樂意與人交際，認識新朋友。但幫助我事業成長的人都跟我有深厚的關係，他們跟我有同樣的願景，達到願景的方法也大同小異。做生意的對象，有一種是跟對方認識，另一種是跟對方搏感情，這兩者對我來說是有差別的。

「我很重視做生意要搏感情，因為我認為，既然要合作，就要投入真感情。若沒辦法預測合夥人的行動，風險實在太大。雙方都應該知道彼此的優勢、價值觀與目標才對。」

創業就像踢美式足球

「這種心態有多少是出自直覺，有多少又來自於你打球的經驗？」我問。

「兩者都有吧。我一向憑直覺尋找適合學習與合作的對象，用心分析並認識生活周遭的人。

「我從美式足球學到很重要的一課就是，要整合一群專長互補的人，以甲的長處彌補乙的短處。每個人都要對團隊願景負起責任，情況危急時，要知道你能找誰幫忙，又有誰會找你幫忙、幫什麼忙？

「因此，我用這些專長跟經驗，分析某群人或某個機構加入團隊或合作時，可能的互動情形。我會分析雙方能不能激發彼此，進一步將核心能力發揚光大。此外，我也會評估何時該去哪裡找合適的人，以補足團隊欠缺的關鍵知識或能力。」

「找機會我介紹你跟霍華・史帝文森認識。他雖然不是美式足球迷，但你們在很多方面一定會合得來，」我說。

「我很樂意。我很想從他身上挖寶。從美式足球的角度來做事業的準備，應該會很有趣，」班克斯說。

「是啊，或許商學院和企管研究所應該規定學生，到職業美式足球夏季訓練營見習一個月，」我開玩笑說。

「你別笑，你講的雖是玩笑話，卻很有道理。因為參加職業運動的關係，我學到一些核心專長，讓我能夠從球場、轉播室一路轉換跑道到董事會。這些專長包括了：高度的自律與專注、克服困境的能力、面臨重大挑戰能臨機應變並適當調整，隨時做好迎戰準備。無論是踢美式足球還是創業，少了這些技能，就沒辦法成功。」

我心想這傢伙還真聰明，一定有很多我值得學習之處，半開玩笑說：「班克斯，你可以加入我的團隊嗎？」

11

企業文化微積分

無益的企業文化，
讓你工作賺錢；
有益的企業文化，
讓你修練人生志業。

夏末到麻州南海岸正合適，氣溫雖高，海風徐徐倒也舒坦宜人。當地人與外地人交織出悠閒的夏日在地文化。許多在地人都是十九世紀捕鯨漁夫或是十八世紀紡織工人的後代；外地人則是到此避暑的波士頓、普洛維登斯（Providence）、哈特福（Hartford）上班族。不論是在船塢工作還是在大學上班，儘管背景不同，大家在這裡都敞開心胸，相處融洽。

當霍華跟師母菲笛意識到年屆退休，計劃買個度假屋時，就注意到這一帶。霍華自然不會找個買來就能立刻搬進去住的房子，這樣多無趣，不符合他一向深思熟慮的習性。

他們買下的那棟房子不僅需要擴建，水電管線也必須全部更新。隔壁是一棟廢棄多時的大建築，屋頂塌陷，裡頭老鼠亂竄，還有一堆應該是曾經來此幽會的青少年留下的空啤酒罐。在霍華眼中，這裡卻像符合他理想的空白畫布。經過幾個月的規劃、現場監工與親手實作，他的理想終於成真。這棟度假屋立刻成為霍華最喜歡待的地方。

房屋的風格低調，空間雖大但外表樸實，絲毫不像許多人為炫富買的別墅。最有趣的是，房間之間的動線順暢，又自成獨立的生活空間。這是霍華與師母特意安排的結果，整修前他們心中就有一個特定的目的。要了解他們的用意，不能不先提他們的婚姻背景。

打造互助小村落

霍華與第一任妻子離婚後幾年娶了菲笛，菲笛在上一段婚姻生了四個女兒，霍華也有三個兒子，兩人結婚後成了一個大家族。往後二十年，他們的兒女陸續結婚生子，家裡的人口愈來愈可觀。夏天如果親人都想來這裡度過週末，屋裡的人數可能高達二十幾人，這還沒把許多隨時來訪的好朋友算進來！

霍華盤算著可能的訪客人數，希望度假屋的臥房夠大、夠多，讓孫子、孫女開心嬉戲。他也希望獨立出來的空間能跟主建築相通又自成一格，營造出一個既可以跟大家族相聚，又可以讓來訪的家庭安靜片刻的環境。在這樣的概念下，臥房分布在主建築的不同角落，每間緊鄰一個安靜的起居區與浴室。所有客房都靠近大家聚集的書房、前廊、客廳，還有霍華與菲笛共享的辦公室，但都各自獨立。

除了開放式的大廚房兼用餐區，度假屋裡還有一個小廚房，想跟大夥兒熱熱鬧鬧一起吃早餐，就到大廚房；想自己安安靜靜喝咖啡、吃貝果，便可以到小廚房。

霍華得意地提到，他在屋內裝設了五台洗碗機，這樣大家吃完就能自行清洗。語氣聽起來雖然很好笑，但他確實有資格驕傲。度假屋的設計完善，依照家人的住宿需求，營造出家人團圓又有獨立空間的氣氛，彷彿在自家打造出彼此互助的小村落。

一刻不得休息

每次霍華邀我到度假屋跟他的家族聚聚時，我都很高興。兩、三年前的夏天，我有個週末又有機會過去，珍妮佛雖然無法同行，但她知道我已經累了幾週，需要放鬆，於是鼓勵我自己去。我週五早上開車前往，想趁早享受難得的悠閒時刻。中午抵達後，我跟霍華與師母坐在院子露台吃飯，蔚藍晴空下與好友相伴，整個人便逐漸放鬆下來。

可惜公事一刻不得閒。清理餐盤時，我的手機響起。我退到一旁，合夥人寇克要跟我討論員工的問題，談了十五分鐘後我回到院子，繼續跟霍華聊天。我吃了一塊師母端來的自製點心，慵懶地癱在沙灘椅上。手中的燕麥葡萄餅乾吃到一半，手機響起，又是關於員工的事，這次是一位副總打來的。半小時後我回到院子，把早已冷掉的餅乾吃下肚。

整個下午就這樣來來回回，電話一通接過一通，小問題演變成大危機。我原本想好好休息，卻因討論公司的麻煩事把主人晾在一旁。起初幾個小時霍華還很體諒，最後他也受不了，看著我說：「我想，你把手機關掉一陣子，我們都會比較快樂些。」

浮現管理危機

「真是抱歉，你說得對，」我邊說邊關機，深深吸了一口海風。

「什麼事那麼急，不能等到週一再處理？」他問。

我大概解釋了情況，危機的主角是我在幾個月前延攬的員工亞特（Art）。當時有人拿他的履歷給我，說：「這個人我認識不深，可是他的資歷是你需要的。」我們公司之所以能成長茁壯，向來歸功於員工的熱情與精力，員工人數雖然不多，辦事卻都很有效率。隨著業務蒸蒸日上，既有團隊無法負荷工作量，許多新商機也需要有經驗的老手才能應付，因此我找了五十二歲的亞特加入，他是見過大風大浪的經理人，我覺得他應該可以解決我們當下的問題，也能傳授經驗。

我和寇克跟亞特見了幾次面，討論他在公司的職責與目標。聊過後，我們兩個人對他都沒有驚豔的感覺，但論他的專長與背景，我心想：「這個人可以幫公司賺大錢，」找一個沒合作過又不熟的人雖然有風險，但是他能幫公司的財務表現加分，好處多過壞處。寇克對此不太確定，但把決定權交給我。最後，我決定聘用亞特。

我告訴霍華說：「下這個決定，我不是很有信心。但我找不出明顯的壞處，也為自己找理由，這個人立刻能上手，幫我們拿下幾筆重要交易，對業務有實質的幫助。剛開始一段時間，運作一切正常，偶爾會出現小問題，但不嚴重。我以為情況頂多如此，其實問題已慢慢醞釀，過去幾天開始浮出檯面，陸續有資淺和資深員工找寇克和我談，內容多半是：『我們努力過了，但他真的很難共事。』而且這些員工沒有一個是閒閒沒事做、難伺候的人。」

企業文化埋下未爆彈

「他們抱怨的點是什麼？」霍華問。

「資深員工擔心的主要是他跟客戶的互動，他們不想被牽扯進去。他喜歡開空頭支票，執行時又很慢；明明是他製造的問題，又營造自己幫大家解決問題的印象。資深同事也承認他可以為公司帶來生意，但擔心他會拖累公司，害公司沒辦法鞏固長期的客戶關係。」

「資淺員工呢？他們又擔心什麼？」他問。

「他跟大家相處的方式。亞特會撤下原本負責專案的同事，或是駁斥同事的想法。他跟客戶開完會後，甚至還叫幾個年輕同事去收拾咖啡杯。」

> 文化可以定義一個組織，
> 決定員工的互動，
> 影響成就的高低。

「咖啡杯……那不是他們的工作？」霍華問。

「當然不是，在我們辦公室裡，每個人地位平等，不管是副總還是客戶經理，只要有好構想都歡迎提出，只管構想好壞、不論位階高低。請客戶到公司喝咖啡，事後要自己清理。當然可以拜託同事幫忙，但哪可以用命令的口氣！副總的頭銜是來自專業，並不表示他們比較優越，要受到比ＩＴ人員或接待人員更高的待遇，」我起身走到露台另一頭說。

我發現自己講得太激動，停下來回到躺椅坐下，對著霍華說：「除此之外……總而言之，我不確定要怎麼處置。」

霍華揚起一邊眉毛，面露憂心地看著我，轉過頭凝視著房屋四周的松樹和橡樹。端詳了一會兒，他說：「你好像很生氣，對這件事很沮喪。」我點點頭，沒吭聲。「你氣的是誰？」霍華問。

勇於承認判斷錯誤

真是個好問題，我思考了一番才回答，「我們兩個人吧，」我最後承認：「氣他沒有表現好，也氣自己直覺他不合適，還是錄用他……我的貪心導致判斷錯誤。」

「是啊，我覺得你們兩個人都有錯。聽你描述他的背景，我會覺得他沿襲了以前的做法，暫且不論那樣的企業文化好不好，但他在那裡如魚得水是事實。他錯在沒有發現你公司的環境不同，或許他發現了卻無法適應。你錯在貪圖一時方便，沒有好好研究他的履歷，了解他為什麼在從前的環境能做出成績，你也沒有明白向他說明你們的企業文化可能不一樣。這對你們雙方都是痛苦的教訓，我覺得你們應該長痛不如短痛，」霍華說。

「難道要叫他走人，我自己扛起這個後果？」我問，雖然霍華跟我都知道這是唯一的解決方式。

霍華一席話，讓我更認清亞特不只是公司裡的獨行俠，還是企業文化的未爆彈，他必須離開。

。 。 。

文化是什麼？兩個以上的人互動，就會產生文化。

組織文化彷彿無風也無雨的空氣，就算你忘了它的存在，它還是包圍著你。它又像捉不到、摸不著的地心引力，卻是實實在在的一股力量。

工作或志業，在一線之間

文化是很重要的。「文化強過策略，」霍華常說。

文化可以定義一個組織，決定員工的互動，影響成就的高低。研究顯示，在組織的策略與創新俱佳的情況下，組織文化成了決定性的競爭優勢。（霍華深信，他與人共同創辦的包波斯特資金管理公司之所以成功，深厚的內部文化是關鍵因素。）相反的，再優異的創意擺在不對的組織文化中，也無用武之地。

「組織文化是谷歌、星巴克等大企業成功的關鍵，我親自參與的哈佛商學院與包波斯特集團也是一樣。組織文化也是美國汽車產業跌入谷底的主因之一，它們太過自負，看不到來自日本小型車的威脅。金融業的組織文化短視近利，不僅辜負了民眾的信任，也使全球經濟陷入衰退，」霍華說。

對個人來說，了解公司和理想工作的組織文化，才能達到事業的幸福感。「你是否樂於接受組織文化，差別在於，在你不適應的組織文化中，工作僅僅是為了糊口；對你有助益的組織文化，才是你人生志業所在，」霍華說。

跟組織文化格格不入，有時會導致嚴重的後果。第六章提過的高階獵才專家李爾波現在雖然經營得很成功，他早期無法融入微軟組織文化的經驗，加上長期分析企業主管被解雇的原因，使他得以精準找出適任的主管人選。他發現不適任的頭號原因，是主管與組織文化的磁場不合。

組織文化是成功關鍵

身為創業學的專家，霍華深知組織文化的好壞，決定了新創組織能否茁壯。因此，他立刻點出亞特的問題。（他提醒我：「組織文化絕對不只是一群人集體的氣氛，錯誤的人會毀了好的組織文化。」）霍華自己也吃過悶虧，三十年前因無法融入哈佛商學院的文化，選擇離開，後來組織文化改變了，他才重回哈佛。

大學畢業後，我的第一份工作是進入康里的森尼韋爾連鎖飯店服務，我很幸運見識到組織文化的正向力量。過去這些年，森尼韋爾飯店以優異的企業文化與工作環境獲獎無數。艾克斯的領導團隊便以他們為榜樣，建立有活力又可靠的企業文化，成為艾克斯公司永續成長與成功營運的基石。「發言權人人都有，咖啡杯自己收拾」的原則，正反映了我們的組織文化。但對於如何維護組織文化，我顯然還有很多需要學習。如果我已經是這方面的專家，當初就不會聘用亞特。

所以，我把握週末跟霍華相處的時間，好好複習組織文化的學問。第一天晚餐後，我們坐在客廳上起課來。

兩個基本要素

「組織文化有很多可以討論的方向，我們從員工的角度來看這件事。畢竟員工才是受組織文化影響的對象。每個組織都可以吹噓自己的組織文化有多好，但重要的是，維持組織運作的員工真正的感受如何，」霍華說。

「好的。員工在評估組織時，不管是第一次去面試時或是工作了好幾年後，應該注意什麼？組織文化中哪些環節是必須特別留意的？」我問。

「組織文化有很多面向，不論組織規模是大是小，營利或非營利，都由兩個基本要素衍生而來。首先，組織的使命與價值觀有沒有跟報酬制度接軌；其次，權力與資訊如何運用和分享。這兩點是組織的根本，就像宇宙萬物都是由碳和氫這兩種基本元素組成的化合物而來，」霍華解釋。

「對了，順帶一提，這兩個基本要素的不同組合，會在組織裡形成獨特的次文化。這種情形不僅出現在奇異等大型組織，或是像哈佛一樣，每個學院都有自己的運作方式。小型的組織也是如此，拿你們家附近的高中來說，輔導室、教學組、體育組都有不同的次文化，內部的文化差異可能成為內部轉調的阻礙。你可能在某個次文化裡表現極佳，換到另一個單位的表現卻差強人意，甚至不及格，這種例子我看太多了。」

沒有絕對好壞，只有成效差別

師母菲笛這時走過來，把霍華晚餐時還沒喝完的酒遞給他，在我們旁邊坐下來。霍華把酒一飲而盡，手轉著酒杯，思考接下來要說的重點：「我在課堂討論組織文化的個案時，很多學生會一股腦認定組織文化不是好就是壞，不是強勢就是弱勢。我倒覺得，如果組織文化並非完全沒人管，或是把員工當奴隸使喚這兩種極端，其實並沒

> 對你有助益的組織文化，
> 才是你人生志業所在。

有對錯之分。不同的組織使命需要不同的行動準則，但組織文化卻有成效好壞的差別，全看它對組織的使命或目標有沒有幫助而定。

「同樣的道理，從個人的角度來看，組織文化也沒有好壞之分。這點跟婚姻很像，」他轉身看了菲笛一眼，說：「對這個好女人來說，我是個好丈夫，但天底下有無數個女人不這麼認為，包括我前妻在內。這不代表我這個丈夫不及格，只能說不合適罷了。」

「可是要怎麼找到組織文化裡的菲笛？」我開玩笑地問。

「菲笛獨一無二，誰都不能跟我搶，」他握住菲笛的手，說：「這個問題問得很好，讓我好好想想，明天再跟你分享。」

霍華說到做到。週末剩下的時光，他精心列出評估組織文化五大問題的方法，都是從之前提到的兩個要素延伸出來的。這五大問題清楚明瞭，我後來甚至依此寫成艾克斯公司新進員工的教育訓練教材。回答這些問題時，自然而然會引導你思考組織文化的磁場跟你合不合，能否幫助你達成目標。（初步得出結論後，很適合拿來跟導師和個人專屬董事會討論。）

在現實生活中，這五個問題的答案可能互有關聯，你最好拆開來逐一檢視，思考它們之間是怎麼形成關聯的。因為組織文化各要素的影響因人而異，應該個別考量才對。而且，各要素在不同組織裡有不同的交互作用，對人的影響也可能有大有小。

霍華的五個問題如下，他也提出他對每個問題的看法。

步調一致才能前進

問題一：每個人的步調是否一致？

「你們的使命為何？你為何在這裡工作？不管跟哪個組織合作，我都會提出這兩個問題，不管組織內是誰回答，我希望得到的答案都差不多，」霍華解釋說：「我不想聽你們說『我們是賣工具的』、『我們是網頁設計公司』等等，我要聽到的是，組織定位在哪裡，公司為什麼存在，最重視什麼價值。」

霍華停下來，笑容中帶了一抹傷感，「你還記得巴頓（Frank Batten）吧？」巴頓是霍華的好友與人生榜樣，去世幾年了，在新聞界是成就顯赫的創業家，也是無線、有線電視台以及節目製播的先驅。他創辦天氣預報台，亦曾任美聯社董事長，是一位精明、有創意的商人。

最讓霍華敬佩的是他的誠信與願景，以及他灌輸給旗下各公司的價值觀。霍華因長期擔任巴頓的地標通訊公司（Landmark Communications）董事親身見證過。

「巴頓認為，企業的首要目標是服務客戶。心中若只有獲利，反而達不到客戶至上的目標；如果服務好客戶，利潤自然跟著來。這樣的企業使命，以及衍生而出的價值觀，是地標通訊企業文化的基石。

「使命、目的、價值是組織文化的核心要素。顯然，跟這三者不同調的人，勢必會跟工作環境中的其他人產生摩擦。

「大家常忽略，組織文化裡若有分歧，對使命、價值、策略目標沒有共識，同樣也是一大問題。甚至可以說，如果大家看的方向不同，不知道自己在整體方向的定位，組織的使命、策略、價值就會大打折扣。最後每個人都往自己想走的方向走，方向卻稍有不同。在這樣的組織文化下工作，在在考驗終身願景明確、一心要達成願景的人，因為他們不曉得組織要往哪裡去。

「就我的經驗呢，有『自覺』的組織會向員工明確定義出使命與價值，不厭其煩而且滿腔熱情，這樣凝聚出的組織文化最具成效，」霍華說。

問題二：領導人如何領導？

「我在觀察一個組織時，不管是以投資人的心態來研究，還是以董事的身分監督，我都想了解領導人的風格，以及從高階到低階的經理人是怎麼管理的。評估領導風格對組織文化的影響力，方法有很多，光看三項要素就能大致掌握，」霍華說。

領導風格影響企業文化

第一，領導人是否以身作則，尤其是價值與目標的實踐，並遵守承諾。若能做到這點，組織文化會穩定許多，也更容易掌握。霍華回憶道：「我小時候，母親有時會對我說：『乖兒子，行動勝於空談，但你動來動去的，我連你在空談什麼都聽不到了。』組織文化有時候也會說一套做一套，口中推崇某個理念，領導人的行動與決定卻明顯有另一套『非官方規則』，讓人霧裡看花。」

第二個要素是，領導人或領導團隊是否願意承擔旗下員工或部門的表現。「領導人當責制跟組織文化的政治算計成反比。當責制的氣氛愈濃厚，工作環境的政治意味愈淡。所以我想知道，成績不理想或一敗塗地是誰要負責，正面發展或重大成就又是誰居功。我也想知道組織管理形象的程度，以及是否把領導人塑造成偶像，刻意讓他們不必負成敗之責。表現不佳或是慘遭滑鐵盧時，有的領導人挺身而出，有的領導人把矛頭指向別人，都會迅速在組織文化掀起漣漪，」霍華說。

第三個要素，也是霍華認為最重要的，是領導人運用權力的方式。「組織內權力的流動與分配，對組織文化是一股強大的影響力。我對兩股力道的平衡特別感興趣——用威權要求大家做事，或培養大家的責任感，自動自發去做事。共同承擔責任的組織文化會比威權的組織文化更具優勢。責任大家扛會提高整體思維品質，也更能看到人際互動的效果；反觀權威式的組織文化，容易流於『上面怎麼說我就怎麼做，不成功怎能怪我。』所以說，對大多數的組織文化而言，行使權力應該建立在責任制的基礎，威權只是點綴。就連在講究威權的軍隊也是如此，團結靠的是弟兄間的嚴明紀律與對彼此負責。」

問題三：誰能取得公司資訊？

「資訊是組織的重要資源。資訊如何分享，能分享多少，是造就組

> 使命、目的、價值
> 是組織文化的核心要素。

織文化的一大因素。除了如中情局那類必須限制資訊外流的組織，有效的組織文化都有一個特徵，就是內部資訊流通順暢。這類組織文化不會對資訊流通設置不必要的障礙，反倒主動設計溝通機制，將資訊傳送到對組織有益的地方。相反的，成效不彰的組織文化都有資訊囤積或資訊不流通的陋習。因此，我才會避開把資訊當成零和競爭商品的組織文化，」霍華說。

鼓勵資訊互通

霍華認為，組織文化的另一個特徵是：處理壞消息的方式，「我想看他們怎麼解決問題、怎麼處理壞消息，不管是小缺失、團隊專案的結果不佳，或是重大計畫徹底失敗。想辦法解決問題的組織文化比較合我的意。這表示要公開客觀地分析所有環節，需要對個人或團隊提出批評時要往前看，記取失敗的教訓，針對改進之處提供建設性的建議，不互相指責。」

霍華認為「資訊互通的文化」還有一個重要面向值得注意：組織不只應接納多元意見，還要積極鼓勵。「英國哲學家彌爾（John Stuart Mill）說過：『人們在跟與自己完全不同的人接觸時，認識到完全陌生的思維與行為，這個過程有極高的價值。這種溝通交流一直是人類進步的主要動力，在現今更是如此。』

「彌爾這句話雖然是在十九世紀說的，印證到現今還是很有道理。扼殺新構想的『一言堂文化』通常持續不久，大多數經營有成的組織都有坦誠的文化，鼓勵相反的意見與不同的見解。這樣的組織文化讓大家體認到，就算彼此意見相左，牽涉不同的利害關係，經由理性對話，會讓想法愈辯愈明。領導人也樂見員工挑戰上級，鼓勵大家以理性態度提出反對意見。」

問題四：這個組織是以團隊為中心，還是以個人為中心？

「大家有個普遍的迷思，以為組織會成功是靠幾個明星員工撐起半邊天，他們天賦異稟，組織有他們就能豐收，其他人都是可以隨意撤換的配角。這在體壇或許說得過去，但在大多數組織很少行得通。要是把投資經理人、律師、銀行家、執行長當成美式足球的最有價值球員、職棒賽揚獎得主就糟了。這樣會嚴重扭曲組織文化，失敗組織的墓碑上往往貼著『明星級』、『不可取代』的員工照片。

「話雖如此，這個現象卻屢見不鮮，每天在大大小小的組織上演，不只發生在資深管理層級，即使是單位或部門主管也有同樣問題。他們可能覺得自己的想法或經驗最重要，其他人都是來烘托他們的，」霍華有點無奈地說。

「明星級同仁有的是組織塑造出來的，有的是自己想像的。但其實圍繞在他們身邊的人，才是讓組織由平庸到卓越的關鍵。諸葛亮再怎麼高明，也很難勝過幾個臭皮匠加起來的綜效。」

限制員工施展能力的機會，無異是自廢解決問題、培育新觀念的潛力，形成壓抑人才的組織文化。聘用有專長、有熱情的員工，卻沒有讓他們充分發揮的舞台，這樣的組織是在浪費資源。

一同收獲的果實更甜美

根據霍華的說明，一旦發生這種情況，便會產生不健康的組織文化，「員工縮小視野，不肯做出承諾，形成『自掃門前雪』的氛圍。情況若惡化到極點，會演變成彼此惡質競爭的文化。即使情況不嚴重，『人人不為我，我不為人人』的氣氛，也會養出各自為政的員工，不顧組織的共同目標，謀求自身利益。」

霍華指出，這兩種各行其是的情形或輕微或嚴重，都使組織效能大打折扣，營造出員工間相敬如冰、彼此疏離的文化，即便業務關係平行或沒有共通目標的員工也互不搭理。況且，在哄抬明星的氛圍中，要打造出願意共同承擔責任的組織文化，是難上加難。

「對於這種組織文化，我只能搖頭嘆息。組織之所以存在，就是要達成以個人之力達不到的目標。或許有些例外的情況，但成效最好的組織文化，通常會鼓勵並培養合作的氣氛，灌輸同舟共濟才能成功的觀念，讓大家了解為同一個目標一起奮鬥，成功的果實會更加甜美。

「所以務必好好思考這幾個問題：我希望身邊有哪些支援？如果我繼續朝選定的職業道路發展，需要哪些支援？這個組織文化希望我怎麼跟同事互動？最後這個問題的對象，不只是辦公室裡的同事，還包括其他單位的同事、甚至是客戶、供應商和合作夥伴。

「最後，為了了解組織文化鼓勵合作、平行的員工關係，還是過度競爭的員工關係，不妨想一想我之前談到使命時提出的問題：大家為何來這裡工作？他們有共同的使命嗎？他們知道如何融入組織文化嗎？如果大家眼光不一致，不但沒辦法合作，甚至連各做各的也很難。」

問題五：組織如何評估員工表現？

霍華認為，優異的組織文化具備透明度高、預測性佳、追求進步、互信互助的特點。遵循這些原則設計出的評估制度，會是什麼樣貌？「首先，我希望組織有一套明確的目標跟衡量標準，依業務性質，盡可能定出客觀的績效標準。這個標準不見得要能量化，但一定要顯而易見，不能各自表述。其次，評估事項要明確建立在組織使命、目標與價值上。組織在追求共同目標的過程中，也能讚賞小成就、小進展，畢竟大成就都是小成就累積而成的。」他說。

表現比結果重要

「組織心理學的研究發現，在透明度高、預測性佳、追求進步的組織工作，才有辦法達到工作幸福感與個人成就感。這樣的氛圍也才能建立信任，為責任共享的組織文化奠定基石。

「然而，如果是一個難以預測、不求進展的組織文化，因為目標不明確而且隨時生變，上級容易訴諸直覺來評估個人的努力。日積月累下，信任感漸失，成功也是僥倖得來。目標與衡量標準時有變動，對員工的期許又說變就變，員工做起事來會無所適從，心情忐忑不安。結果，員工不會付出百分之百的努力，因為大家必須隨時做好見風轉舵的心理準備，有時組織連一聲警告或解釋都沒有，這絕對稱不上是責任共同承擔的組織文化。

「從個人角度來看，在這種組織文化中工作，很難讓個人的長處發揮到極致、建立競爭優勢、追求清楚的事業目標，平衡人生的各種選擇變得很困難，」霍華說。組織在思考如何考核員工表現時，霍華強調，要特別留意考核的重點擺在**表現**（performance）還是**結果**（results）。「即便組織的評量既客觀又具策略性，表現與結果完全是兩回事。因為其中一個操之在己的程度高很多，」他說，順便抓過來一疊紙跟一枝筆，簡單寫下兩個公式，寫完把紙轉過來給我看：

表現＝努力＋技能

結果＝表現＋運氣

「這該不會是微積分吧，我的代數和統計學早就還給老師了，」我說。

他笑了出來，「應該不算，倒可以說是工作評估微積分。這兩個公式顯示，『表現』取決於努力和技能，而『結果』則取決於個人表現與運氣。你可以決定要花多少努力與技能在工作上，卻無法控制運氣。如果組織評估、獎賞員工的衡量標準是結果，而非表現，那麼預測性與透明度就會降低，這並非好事，還會形成短期價值超越長期價值（組織應有的價值）的組織文化。單從經營角度來看，這樣絕對會一敗塗地。從個人角度來看，也與追求個人終身願景相互衝突。」

霍華又回到之前的話題，「巴頓認為，企業的主要目標是服務客戶，主要目標達到了利潤自然跟著來。他獎勵有助於達成這個目標的個人表現，把結果排在第二順位。就算某主管旗下的部門賠錢，但是在景氣寒冬下表現得不錯，他也會發獎金。他曾開除一位主管，因為這位主管雖然幫公司賺錢，卻只想達成結果，反而對公司策略、士氣團結與永續經營是扣分。

「這就是透明度高、預測性佳、有自我意識，而且使命感十足的組織文化，這才對嘛！」霍華頗為驕傲地說。

。。。

微積分是高階數學，用來組織大量資訊進行預測。組織文化的微積分雖然沒有那麼準確，但回答出霍華這五個問題後，就能得出組織文化的核心要素，以及這些要素彼此作用下的許多排列組合。

還有一點也很重要，我們原本可能察覺工作環境有異狀，卻又說不出個所以然，透過這樣的問答就能凸顯問題。因為這些問題提供了一個參考框架，能夠預測組織文化各要素如何排列組合對個人最有幫助。

塑造自己的參考框架

若想讓參考框架更有效，需要依照個人的情況作答。有些問題的答案很簡單直接，特別是你目前公司或以前公司的組織文化，包括：我能適應這個組織文化嗎？在這個組織文化裡，我的心理和專業上有安全感嗎？我對這個組織文化能否應付自如，還是常常會被潛藏的「地雷」絆倒？

其他問題則需深入思考，例如：組織文化中哪些要素的組合，最能讓我發揮長處和競爭優勢？哪些要素融合在一起，最能讓我一心多用，平衡生活中最重要的幾個自我與面向？哪一種組織文化和我對成功與幸福感的定義最契合，並能提供我所追求的報酬？

由於組織文化微積分並不精準，在塑造自己的參考框架時，若能聽聽別人的見解，常常會受益良多。你的事業導師與個人專屬董事會，這時特別能釐清你在哪些類型的組織文化中，最能發光發熱，亦有助於未來的成功。

要達成終身願景，並找到、選對、投入適合你的組織文化，需要時間與努力，沒辦法只是把「最佳工作場所」的名單拿過來，像俗諺說的，「國王下山去點名，點到誰，誰就是第一名」，隨便選一個。到頭來，多一分努力便能獲得寶貴的報酬：工作幸福感。畢竟，天底下最讓人收穫滿滿、幸福快樂的事，不就像霍華在巴頓的公司擔任董事時一樣，有幸「置身這個與眾不同的企業與組織文化」嗎？

人生實踐家

杭特

杭特（Emily Hunter）在辛辛那提州長大，到喬治亞州雅典市讀大學，現在二十七歲的她住在紐約曼哈頓，是個搭乘地下鐵的老手。有些人從小地方搬到大城市會遭遇嚴重的文化衝擊，但杭特可不會！因為她找到超級速配的生活與工作環境。

最佳工作場所

「一開始鐵定需要調適心態，例如紐約比較亂，生活成本高很多。我一直住在中西部跟南部，我想在進入職場時嘗試新的事物，」杭特有天晚上跟我說。她跟先生安德魯正準備回俄亥俄州跟家人一起過聖誕節，「我在喬治亞大學讀的是時尚行銷，當時就覺得應該去紐約發展。我一畢業就在曼哈頓找到幾個實習機會，也學到寶貴的經驗。我好愛紐約的步調，很享受在時尚圈工作的感覺。」

對於這樣的轉變，杭特覺得很適應，畢業才幾個月，她就找到服飾品牌潔可露（J.Crew）的工作。「剛進公司時，我就知道這是個很好的工作場所，很多『最佳工作場所』的名單都有它。親身在這裡工作後，我才真正了解到潔可露適合我的原因，」她說。

在速配的文化中發揮專長

「這個公司很年輕，二十、三十幾歲的員工很多，執行副總才三十九歲，同事之間溝通很輕鬆。如果我四十歲時，還在這個年輕人當道的企業工作，可能會覺得不自在。但就現在來看，我覺得挺合適，」杭特說。

「而且，公司致力於找出員工的專長與才能，扶植大家在專業上有所成長，這也是我欣賞的一點。我們都要接觸不同領域，擔任不同的職責；公司會鼓勵大家嘗試新事物，能發揮新專長的人更會獲得拔擢，」加入潔可露服飾公司三年多已晉升兩次的杭特說：「這對我特別有利，因為我的主管很棒，他會指導我如何適應新職務，並克服新挑戰。」

杭特認為，潔可露服飾注重「開放式溝通，資訊分享化」的企業文化很重要。「經理人和資深管理階層願意傾聽我們的構想與見解。執行長卓斯勒（Mickey Drexler）每天都在辦公室走動，找每個人聊聊，聽大家意見，提出問題。如果有人的意見沒被採用，他也願意花時間給予建設性的評論，解釋提議沒有被採納的原因。」她說。

開放精神當道

「開放式溝通很棒的地方是，不僅對內開放，對外也是如此。管理層很重視客戶的意見與回饋。客戶的每一封電子郵件，卓斯勒都親自回覆並引以為傲。這件事對員工的啟發在於，大家知道公司是堅守原則的。」杭特說。

我問杭特，就算是名列「最佳工作場所」的組織也會有缺點，潔可露的企業文化有沒有她不喜歡的地方。

她想了想，說：「有啊，第一個是專業發展機會太多，好像學也學不完。才剛適應這個部門的工作，便轉到另一項工作，又有新的資訊和技能要學，有時候會覺得很傷腦筋。第二個缺點是，在這種小型而穩定的公司，新人很難融入其中。公司資深員工原有的小團體，有時很難打進去。」

她強調：「但是待久了，這些障礙我都能克服，跟我從潔可露的企業文化獲得的好處相比，實在瑕不掩瑜。」

12

打開預測力的探照燈

我認識的企業家，
很少有人喜歡冒風險。
他們懂得管理
對冒險的恐懼感，
也學會不畏風險向前行。

我拿起電話，撥出早已滾瓜爛熟的號碼，電話接通後傳來招牌的「你好，我是史帝文森！」

我回說：「我剛才跟別人講的一些事，實在嚇人。」

「沒事吧？珍妮佛跟小孩子都還好吧？」霍華有點擔心。

「沒事沒事，他們都很好。我剛才是在幫一個女孩子做職涯諮詢，」我趕忙回答。

「她有什麼嚇人的事？」

我回答，「她本人沒問題，但她的工作情況根本是真實存在的惡夢。你一定想不到我知道**存在**的意思吧？」

霍華聽我說完後大笑。

我跟霍華說起最近和蘿蒂（Lourdy）的談話。二十五歲的她很聰明，是曼哈頓一家高檔珠寶商的總公司助理。某次我在進行簡報時，蘿蒂在台下做筆記，等到休息時間，特別來找我問了許多跟工作相關的問題，問得都很好。最後她總算鼓起勇氣問我，改天能否占用我半小時的時間，請教我職涯發展的問題。幾週後，她依約來到我的辦公室。

迷惘的社會新鮮人

她一開始便主導了談話的主題，不斷問我職涯規劃的問題。尤其想知道我是如何規劃職涯，怎麼決定是否要轉換跑道，怎麼知道轉職的決定是否正確，會不會錯失了更好的機會？我採取了什麼特定步驟，確定自己沒有走錯路，或浪費時間走回頭路？我有沒有犯過錯？犯了錯又如何彌補？

回答了四十分鐘左右，我開始好奇為什麼她會問這一連串的問題。話鋒一轉，換我問她的背景，喜不喜歡現在的工作，對未來有什麼願景等等，這才清楚她的目的。

蘿蒂出身匹茲堡市的小康家庭，母親是綜合醫院的行政人員，父親是企業律師。

她幾經考慮過後，決定從事教職，因此前往紐約一所大學就讀初等教育系。四年下來讀得很順利，直到大四實習時，她第一次有機會站在講台上課，才發覺自己要的更多，但她還是希望能學以致用，因此決定專攻特殊教育。她以為工作難度較高，會更有成就感，便選了特殊教育研究所。

她的男朋友是年輕有為的工程師，任職於一家業務蒸蒸日上的顧問公司，並且可望成為合夥人。知道蘿蒂的決定後，他全力支持，甚至在研究所開學後，兩人決定住在一起。

兩年後，蘿蒂取得碩士學位，也跟男友訂了婚，歡慶畢業。對於即將展開第一份全職的教職，她滿心期待。

深陷胡同

可惜畢業兩年後，坐在我眼前的蘿蒂並不快樂，心中充滿疑惑。她的特教老師之路，不到一年便告終。

「我覺得教育工作很有意義，也喜歡跟小孩一對一互動，雖然投入很多心力，卻覺得心力交瘁，感受不到正面能量。即使看到學生有進步，也是如此。教了短短幾個月，一到星期天晚上我就胃痛，這樣下去是行不通的，」抱著百般遺憾，蘿蒂離開了教育界，心中覺得自己在教育工作上失敗透頂，不僅六年的書白讀了，還浪費一大筆學費。

我總結一下，告訴霍華說，「她需要工作，但欠缺方向，於是請朋友幫她安排了面試機會，進入現在這家珠寶商工作。她接下公司這個低階職位，一待就是一年。問題是，這個工作對她來說是個死胡同，她根本沒興趣往高檔零售業發展，公司也無意提供她培養專長或累積經驗的機會。」

「那……她現在有什麼打算？」霍華問。

「嚇人的地方就在這裡。她根本沒有任何打算，正是典型的分析麻痺。除了我，她還跟十幾個人談過，到處蒐集資訊和想法。顯然問不出個所以然來，完全沒有規劃，不知道怎麼規劃，甚至連具體的下一步怎麼走都不知道。就好像把一大堆資訊丟進腦海裡，轉個不停，卻生不出東西來。

「蘿蒂很清楚自己無所適從，但她不敢選擇一個特定的方向前進。她害怕失敗，擔心浪費時間和金錢，也怕讓父母失望或無法發揮潛力。最重要的是，她害怕再度陷入不喜歡的行業，才會在選定事業道路上給自己太大的壓力，怕東怕西的。最恐怖的是，她那痛恨現狀又懼怕改變的無助感。」

過度憂慮風險將無法選擇

霍華好一會兒沒出聲，最後才問：「你後來怎麼辦？看她愁雲慘霧的樣子，就我對你的了解，你不會見死不救。」

「我跟她說，她在工作上動彈不得，追根究柢是因為過度憂慮風險，害怕重新選擇一條事業路會碰到更大的風險。我請她過幾週再回來跟我聊聊，我想先跟一個人討論一下，他在評估風險、降低風險這方面有更深入的研究。」我停頓一下，「所以，大師，你要不要助我一臂之力，為這個女孩指點迷津？」

「當然好，你再詳細解釋一下她的情況，我來想想。你最近會過來這附近嗎？」大概兩週後，我會到康乃狄克州跟客戶開會，開完會後我可以搭火車北上，到劍橋跟霍華與菲笛共進晚餐。

「這樣你來得及跟蘿蒂分享我們討論的心得嗎？」霍華問。

「來得及，反正她暫時不會有異動。」

。。。

霍華夫婦和我坐在餐桌邊，喝著酒享受美味佳餚的餘韻。緊盯霍華日常飲食的菲笛，今天準備了含有豐富魚油、有益心臟的青魚，灑上胡椒粉跟檸檬汁來烤，另外準備了沙拉及幾道精心調製的蔬菜。

最後一口酒漬洋梨暖呼呼下肚後，我把湯匙放下，說：「師母，這應該是我吃過最好吃的一頓家常菜了，但千萬別讓我老婆或我媽知道。」「謝謝誇獎，」菲笛邊說邊朝霍華點點頭，「我總得精進廚藝，才能讓這傢伙吃得健康嘛！」

霍華怯怯一個微笑，老婆大人說什麼都對。他很享受美食，如果晚餐是肥滋滋的大魚大肉，還有淋了卡士達醬的水果塔當點心，他絕對抵擋不住誘惑。早年這樣大吃大喝還沒有什麼副作用，菲笛也不會特別控制他的飲食，自從霍華二〇〇七年心臟病發之後，菲笛寧可忍受他吃不到美食耍性子，也不肯縱容他暴飲暴食。幫霍華準備料理時，她堅持創意與營養兼俱。

「你們兩個晚上有什麼計畫？」她收拾起餐盤，問道。

「我們要聊跟高風險有關的事情，」霍華一本正經地說。菲笛看著我一臉問號，彷彿在說：「你要把我老公拉去淌什麼渾水了？」

「其實啊，」我起身把餐盤從她手上拿過來，說：「我第一件事是要洗碗，再聊聊風險這個概念，還有追求人生志業時，遇到高風險的抉擇該怎麼辦。」

大師指點迷津

「艾瑞克有個年輕朋友在工作上有困惑，」霍華走到廚房，接話說：「她不敢冒險，就連暫時性、代價不高的風險，也不敢承擔。她眼中看到的負面結果，都是自己憑空想像出來的。」

「你有沒有給她看霍華寫的如何處理風險的書？」菲笛問我：「先從看書開始，或許管用。」

「各位先生女士，為大家介紹我的書籍宣傳人員，菲笛・史帝文森！」他打趣地說：「先給你朋友一本入門書好了，免得你跟她介紹我的研究領域時，對創業風險與預測智慧（predictive intelligence）的概念有聽沒有懂。」

我們兩個人花了幾分鐘清理餐桌，把廚餘丟掉，然後到位於地下室的小辦公室。每次走進來，我都忍不住笑出來，因為書櫃上放了一個一呎高的尤達玩偶，正對著霍華的書桌。（我有一天幫兒子丹尼爾買玩具，突然看到這個玩偶，忍不住買下來送給霍華。）

尤達四周的牆面被好幾個書櫃占據，堆了滿坑滿谷的書。這裡儼然是座迷你圖書館，我從書櫃抽出兩本霍華的著作，說：「你知道嗎，菲笛說得沒錯。這兩本書的概念可以讓蘿蒂有些新的想法。」

「是啊，沒錯。但聽你的描述，她現在的問題不是資訊不足，而是怎麼統整這些聽來的資訊，怎麼去衡量每個概念，將已知資訊當作基礎，合理預測哪個選擇會產生什麼後果，」霍華說。

「說得也對。那我們要從哪兒談起？」他想了想，說：「你當時說到跟蘿蒂的對話很嚇人，我起初覺得好笑。後來想了想，我發現嚇人的地方是，我也常常有過這種談話內容，只不過談話對象的年紀不同，因而有不同的版本。當然每個人的情況不一樣，但困擾他們的問題在本質上很雷同。」

「學生常常會說：我想創業，當自己的老闆，但我不喜歡承擔風險，應該當不成創業家吧？」霍華搖搖頭，笑說：「哈佛商學院當年開辦創業課程時，一般人普遍認為，創業家是一群追逐風險的瘋子。這也是學術界遲遲不把創業納入學程的原因之一。

向成功創業家學習正視風險

「即使到了現在，大家還是把創業家跟喜歡高風險畫上等號。但根據我四十年來的研究發現，成功創業家很少喜歡風險。雖然有例外，有人天生就是天不怕地不怕，又剛好創了業，但他們並不是特地選擇投入高風險事業。絕大部分的人都不喜歡風險，但他們學會**怎麼駕馭對風險的恐懼感，願意接受挑戰，而不是被迫冒風險**。

「視風險為挑戰，不只對單打獨鬥的創業家很重要，對於想展現衝勁跟創造力的組織，也是必須掌握的原則。任何想在事業上

> 視風險為挑戰，
> 對單打獨鬥的創業家
> 和想展現創造力的組織非常重要。

發揮創業家精神並採取主動的人，特別需要學會正視風險的存在。蘿蒂首先要把這點謹記在心。」

我點頭贊同，「其實我們每天都這麼做，不是嗎？在尖峰時刻穿越第五大道是一種風險，吃壽司不吃烤蝦是風險，把錢拿去投資股票而不存入銀行，也是一種風險。」

「沒錯，蘿蒂每天面對各式各樣的風險，她都可以做決定，她也應該把這樣的原則用在事業上。她已經習慣承擔那些風險，自然而然地在無意識狀態下降低風險值。穿越第五大道時她走斑馬線，不隨便穿越馬路；到知名壽司店吃飯，吃到的生魚片絕對新鮮。具創業心態的人也是如此，不論從事什麼行業，他們學會怎麼降低風險的範圍與程度。這是蘿蒂要明白的第二點，她需要化被動為主動，把風險的潛在衝擊縮小，」霍華說。

脫離膠著狀況

「有了這兩個想法之後，她就會問自己，」霍華停了下來，對走進來的菲笛露出燦爛的微笑。她端著托盤，上面有杯子、咖啡和熱騰騰的牛奶，準備泡拿鐵。「妳真了解我，」霍華對她說：「但為什麼只準備兩個杯子，妳不和我們一塊喝嗎？」

「我很想聽你們打算怎麼幫助那個女孩，你也知道，我對年輕人怎麼處理生活中的風險很感興趣。但是我晚上必須去『暑期獵才』（Summer Search）開董事會。」菲笛是暑期獵才的創辦人之一，它是波士頓一家非營利性質的社區組織，為低收入家庭的中學生提供全年輔導、暑期活動及大學入學諮詢。希望幫助他們學到必備技能，上大學後一帆風順，大大提高他們進入社會後的成功機會。

參與暑期獵才計畫的學生全數從高中畢業，九四％進了大學，有八九％從大學畢業或即將畢業，比率遠高於波士頓地區的學校，難怪菲笛頗感自豪。暑期獵才之所以成功，便是正面處理低收入學生面臨的重大風險。

「等你回來，我再跟妳報告，」霍華向她保證。我給了她一個大大的擁抱，親她一下道別。

我跟霍華攪拌著拿鐵，他話鋒又回到正題，「蘿蒂應該問自己，『我怎麼知道有什麼風險，又該如何大幅降低風險，安心往前邁進？』針對這點你要幫她打一下基礎。」

「打基礎……怎麼說？」

「你應該列出我們討論過、準備寫在書裡的幾個重點，用簡單明瞭的方式幫她了解。蘿蒂現在走到人生的重大轉折點，轉折點不就是處處充滿風險嗎？可是她沒意識到這也是個寶貴的機會，她還沒有勾勒出終身願景，所以沒有具體方向，也沒有固定的焦點，在人生平衡木上走得東倒西歪，顯然還沒找到自己的競爭優勢。不然，她就算不知道工作的目的為何，至少也會找一份能發揮所長的工作才對。」

該繼續冒險還是放棄？

霍德喝了一大口拿鐵，「還跟得上嗎？」他問。

「還可以。你的意思是說，給她這些基礎的概念，可以幫她脫離膠著狀況，繼續往前進。」

「沒錯。她可以學到終身願景與競爭優勢的觀念，就算只是粗淺認識，也能拿來分析風險在哪裡，究竟有多大。」

他示意要我從書櫃取一本書遞給他。「我們剛才說的重點就在這，」他一邊說一邊翻著他與夏比洛（Eileen C. Shapiro）合著的《決策者的賭技》（*Make Your Own Luck: 12 Practical Steps to Taking Smarter Risks in Business*）。這本書是為想創業和已經創業的人所寫，提供精細的分析架構，讓他們能妥善分析創業路上會遇到的潛在風險和好處。這個架構的核心由十二個簡單的問題組成，書中稱為「賭徒十二步」，有助於企業領導人與投資人決定該繼續冒險，還是放棄。

這本書雖然針對商務人士所寫，因為概念簡單，對純粹希望在事業上多點創業思維的人也很有助益。

思考片刻後，霍華說：「通盤思考『賭徒十二步』的基本概念後，蘿蒂可以問自己三個簡單問題。

「首先，你對現況和結果滿意嗎？

「接下來的一兩年，你想獲得什麼具體結果？

「假使你承擔了風險，結果卻不如預期，會跟現況有很大差別嗎？變得更好？更壞？還是一模一樣？

「這些問題可以讓她具體衡量風險。」說完，他從辦公桌那頭把手伸過來，拿起我從書櫃取下的另一本書──《當弱肉強食的強者：掌握創造未來的預測力》（*Do Lunch or Be Lunch: The Power of Predictability in Creating Your Future*）。這本書強調企業、社會，乃至於個人都必須培養預測力。霍華邊慢慢翻閱邊說：「你知道嗎，講到風險的話題，我對一些想法很堅持，首先，『風險』這個詞用得不對，不適合用來形容……風險。」

風險＝結果＋不確定性

我笑了出來，「那你下一本書寫《霍華的定義》好了。」

「說不定可以喔，」他一副若有所思的模樣，繼續說：「我對風險的定義很簡單：結果加上不確定性，就像一個簡單的數學公式。不確定性減少，結果就變得清楚，風險也會消失。

「不確定性的另一面就是預測的能力。通常在預測某個情況的結果時，你愈有把握，就愈容易決定是否要執行。所以說，想降低風險最好的方法，就是提高預測的能力。」他遞給我一本《當弱肉強食的強者：掌握創造未來的預測力》，「刪去高深的學術詞彙跟深入的研究發現後，這本書的重點就在講這個。」

我指著封面，說：「對了，我一直很納悶這本書為什麼要叫《當弱肉強食的強者：掌握創造未來的預測力》，弱肉強食跟預測力究竟有什麼關係？」霍華搖搖頭笑說：「是不是很諷刺，討論預測力的書，書名卻讓人看了一頭霧水？出版商覺得書名加個『弱肉強食』可以加深讀者的危機感，提醒他們不讀這本書的風險。老實說，我覺得這樣適得其反，不僅降低可預測性，更增加出版風險。所以出版這本書也讓我學到一課：就算是親手寫完一本關於預測力的書，也沒辦法百分之百去除不確定性，保證可預測性。可是……」他拍一下書桌，強調接下來要講的重點：「去除雜訊確實有助於認清不確定性，看到機會。

「我們無法掌控所有決定的最終結果，但我們可以打開預測力的探照燈，透過深入而誠實地評估各個選項，以及其後續影響，讓潛在結果現形。懂得發揮預測力，做出決定後也不會徒留遺憾。參考所有資訊後做出最好的選擇，最終結果或許不如人意，但既然當初決定時做過仔細評估，你就不會覺得遺憾。」

。。。

那天晚上，我跟霍華兩人聊了不少，隔週又在電話上繼續這個話題。他提出了一些實用而具體的步驟，蘿蒂和我們如果學起來，日後不管走哪個職業、做什麼選擇與決定，都能發揮「預測力」，將其中的風險現形。

步驟一：解構風險。很多人眼中的單一風險，其實是很多因素交織在一起的結果。我們常常見林不見樹，心裡只有一個龐然大物，看不到個別元素。這時不妨找出屬於「結果」和「不確定性」的因素，再分辨哪些因素需要特別留意，哪些不需要。接著進一步解構每個可能結果的好處與壞處，每一項不確定性是什麼原因造成的。原本又大又複雜的風險，被拆解成許多不同的選項與問題，便容易掌握多了。

釐清方向，避免誤判

解構風險，還能避免「推論階梯」（ladder of inference）的誤判，也就是推論或假設未必百分之百正確的事情，然後用這個自以為是的「事實」繼續推論，經過幾階錯誤的推論後，風險評估的方向就完全偏離正軌了。最後一點，風險糾結不清時，常常會引發恐懼等負面情緒，但跟事實完全不相干。透過解構風險，我們就能知道負面情緒從何而生，並勇敢面對。

步驟二：眼光放遠。人性的缺點何其多，我們喜歡放大損失的風險，看輕獲得新事物的可能性。同樣的，我們常常過度看重正面或負面的短期影響，認為它們比長期影響重要，這也是人的天性。這兩種風險評估方式都不是最有效的。認清自己有這種傾向，然後深入分析，你為何寧可放棄中長期報酬，也不願承擔短期風險。

「工作場合常常出現『短視』的問題，大家不願意接受新的挑戰，倒不是擔心無法克服挑戰，而是害怕學習新的技能代表自己的專業不夠，」霍華說，「他們太在乎短期風險可能會影響專業形象，反而喪失了長期的機會。」願意承擔風險對能否達成事業的宏大目標極為重要，但這需要具備某種勇氣，我稱之為「吃苦當吃補」。

承擔短期風險

為了日後事業的躍升，考慮接受薪資縮水的短期風險時，也要願意吃苦當吃補。有捨才有得，而且事後常發現得比捨更多。我的朋友李文（Mike Leven）現在是拉斯維加斯金沙集團（Las Vegas Sands）總裁，在賭場酒店界備受敬重。他認為自己的事業能夠成功，大部分要歸功於曾經「後退一步」接受薪水和位階較低的工作，從中學習到寶貴的知識與經驗。

李文曾說：「我一向把眼光放遠。如果有一份工作能幫助我更進步，我絕對不會視為風險。」同樣的，蘿蒂現在的處境是，只要接受薪資縮水的短期風險，便得以釐清未來事業方向。「家人與未婚夫的支持，讓她擁有穩固的財務安全網。換作是我，我會問自己：『暫且不管薪水多寡，有哪些工作是我接下來一、兩年可以做，又能讓我找出真正有熱情的領域？』那些工作選項長期的財務報酬，當然是應該要蒐集的重要資料，但她事後回想可能會發現，短期的財務風險真的微不足道，她在嘗試過程中得到的能量與方向感，珍貴多了，」霍華說。

我愈思考霍華的建議，就愈生佩服，它蘊含許多霍華的核心信念：要向前看；時間是需要積極經營的資源；事業幸福感本身就是重要的目標；關於我們自己的任何新資訊，不論是正面或負面都會帶來益處，也有利於找出選項，評估風險。基於以上理由，蘿蒂若能採納霍華的建議，承擔短期風險，會帶來情緒上和財務上的長期好處。

步驟三：從結局往回看。根據研究顯示，人在年輕時常擔心做事會出錯，年紀大了則後悔當初沒體驗某些事，或沒把握住機會。同樣的，研究也指出，一般人會放大擔心的情緒，只想著事情可能會出錯，心情必然大受打擊，一旦事情真的出錯，才發現結果並沒有想像中糟糕。

這些人性的傾向會扭曲人對風險的看法，所以需要仔細思考。「以終為始」對定義終身願景很重要，用來矯正扭曲的觀念也很有效。「把整齣『風險情境』快轉，播到你的告別式，再從那個時間點倒帶往回看，問問自己，哪些你以為的風險真的比較大，同時心中牢記喜劇女神波兒（Lucille Ball）的名言：我寧可後悔，也不要遺憾。」霍華說。

降低不確定性

步驟四：分清可逆與不可逆的決定。許多乍看之下很嚴重的風險，其實未必如此。因為有些行動可以從頭來過或是部分補救；有些風險起初看來微不足道，但因為做下去就不能回頭，反而更重要。例如：法學院讀到一半輟學，牽涉到的風險可能可以逆轉，最壞的情況就是必須重新申請入學。為奧運做準備，但中斷了很長一段受訓時間，風險可能便是不可逆轉的，因為參賽的機會很難得。辭掉會計師的工作跑去百老匯試鏡，這個決定或許不高明，風險卻是可逆轉的。當不成巨星，起碼還能回去當會計師。另一方面，如果你想被事務所炒魷魚，查帳時故意出錯，希望邊試鏡邊領失業津貼，你的風險就不可逆轉。

先有選擇，
再擔心怎麼實行。
不要煩惱不屬於你的問題。

「坦白說，職場上可逆轉的風險遠多過不可逆轉的。甚至可以說，只要不是沒道德的事，或是在身體、情感及法律上對別人造成傷害，都可以逆轉。所以在決定風險高低時，若不思考能不能逆轉，只會弄巧成拙。」霍華說。

步驟五：分散風險。一旦了解何為風險與風險的強度之後，應該開始想辦法分散風險。「新創企業的基本經營原則就是，大家共同分攤風險。創投業者提供資金讓新創公司大幅降低財務風險，希望未來能從新創公司的獲利分到一杯羹。創投業者也會投資不同的專案，或引進更多投資人來分散自己的財務風險。」霍華說。

這種方法不見得適合每個情況、每個人，要分散風險、降低不確定性，不一定要是創投家。思考如何分散風險時，不妨發揮創意自問：我能夠把時間拉長或逐步進行，進而降低風險嗎？如果某項決策的後續影響不明朗，有沒有辦法事先試驗看看？有沒有「夥伴」願意分擔風險呢？有沒有人覺得為我承擔一部分風險，反而能幫自己分散風險？

霍華本身就是分散風險、降低不確定性的大師，任何情況都難不倒他。我最喜歡的一個例子是，他在歐洲旅遊時買了一個貴重的雕塑品，必須想辦法安全運送到家。他大可為藝術品投保，但如果東西受損，他就得花費大筆時間跟精力修護，又是一筆額外成本。所以他怎麼分散風險呢？

他幫經銷商買了一張到波士頓的來回機票，說：「你飛到波士頓洛根機場，親自把雕塑品毫髮無傷地交到我手上，我就全額付清。」霍華冒的風險是浪費了機票錢；經銷商冒的風險則是搭機橫越大西洋的時間。兩方分攤風險，皆大歡喜。

。。。

我再次跟蘿蒂碰面討論上述五個步驟，而且在霍華的提議下，我根據親身經驗，添加了三點注意事項。

我說：「首先，風險的定義見仁見智，不要被別人影響。」各位如果問我，哪種工作環境有風險，我會說是大企業。因為我覺得置身大企業環境，無法掌握自己的命運。同樣的問題拿去問我的好朋友波夏（Mark Birtha），他會說加入小規模的新創公司風險比較高，就像艾克斯一樣，經濟因素變動快，不容犯錯。能說誰對誰錯嗎？不行。我們兩人對風險的定義可以直接套用在蘿蒂身上嗎？也不行。

第二點，不要杞人憂天。為了給她一個實例，我提到發生在十年前的一件事。當時我還在為該不該申請哈佛研究所煩惱，我鉅細靡遺地評估重拾書本對事業的風險。如果花一年以上的時間去讀書，將無法把心力放在公司經營，不但不工作，還要付學費，對我的財務有何影響？還有，珍妮佛願不願意放下一切搬到波士頓？諸如此類的問題，我想了一長串。

不要不選擇

直到有一天，我跟朋友皮茲卡（Al Pizzica）聊到這件事，說我想用近乎數學計算的方式來評估風險，講得滔滔不絕時，他打斷我說：「夠了！你擔心的選項和風險根本還不存在。先想辦法被哈佛錄取，確定選項成立，再去煩惱後續可能有哪些影響。」

我常常跟別人分享，並提醒自己他的忠告。每週起碼重提一次：先有選擇，再擔心怎麼實行。

我還分享了霍華提到的建議：不要煩惱不屬於你的問題；有些問題和隱憂是別人的，沒有必要鑽牛角尖，增加分析風險的困難度。

第三點是：不要不選擇。常有人說，不選擇本身就是一種選擇，幾乎算是陳腔濫調了，但是許多人還是會掉進這個陷阱。如果你對某個情況不滿，維持現狀就是一種風險，不會因為你較為熟悉而風險變小。要認清不管是生活還是工作，都沒有零風險的選擇。正如愛默生的詩：「只要有生命，必有危險相隨。」

要知道，風險管理是必須經過一段時間培養的技能，有時候要從錯中學。不選擇，想躲避風險，這是假防衛，只會衍生出其他風險。再說，這樣的人生不是很無聊、缺乏滿足感嗎？

人生實踐家

葛洛絲曼

從制高點來看葛洛絲曼（Mindy Grossman）的職涯，會覺得她從一個高峰跳到另一個高峰，風險愈冒愈大，似乎沒必要。但她的角度不一樣。身為HSN公司（Home Shopping Network，前身為居家購物頻道Home Shopping Club）執行長的葛洛絲曼，事業非常成功，也備受敬重。她認為，承擔風險是職涯發展中很自然的事。有風險，事業才可能有幸福感。

不走尋常路

她這樣的風險觀是有跡可循的。她在大四讀到一半時，覺得按照別人規劃好的路走，風險其實更大，便選擇輟學。「我可以預想自己畢了業，去讀法學院，然後……過別人的生活。別人說我傻，爸媽對我失望透頂，後來他們都想通了，我就是非走不同的路不可，」某天早上她在紐約辦公室對我們說。

就這樣，她進入零售與成衣業，方向確立後再也沒走回頭路。現在看起來，大學沒畢業對她並沒有任何影響。《金融時報》（*Financial Times*）說她是全球前五十大女企業家；《富比士》（*Forbes*）雜誌評選她為全球百大最具影響力女性之列。

從「輟學」到「最具影響力」過程的每一步，葛洛絲曼都明白，深思熟慮過風險後，就能勇敢前進。

起初，她面對的是低調、屬於個人的風險，鮮少有人注意。但大約在二十年前，她做了一件跌破業界眼鏡的事。她當時任職知名設計師同名服飾品牌湯米．希爾費格（Tommy Hilfiger）管理團隊，在短短四年內，公司營收從三千八百萬美元激增到三億美元，但她選擇冒險離職，轉戰雷夫羅倫（Ralph Lauren）旗下的CHAPS，CHAPS規模較小，品牌知名度不高，業界一片譁然，認為她這一步是大錯特錯，成功機會渺茫，甚至白白斷送了事業。但她認為，如果繼續留在湯米．希爾費格，事業很難跟過去一樣精采：挑戰少了，學習的機會也變小。

跳槽到雷夫羅倫的舉動，其他人只看到風險，葛洛絲曼卻看到機會。她有可能成為業界少數的女性執行長，並建立品牌。她確實做出成績，三年內公司營收成長十倍。

正視個人價值觀

萬萬沒想到，待了三年又兩天，她又異動了。葛洛絲曼回憶說：「雷夫羅倫隸屬於華爾納（Warnaco）集團底下，企業文化是我看過最糟糕的，執行長故意助長負面情緒、恫嚇員工的工作氣氛。雖然公司給我的待遇很合理，但我的存在只是縱容負面的企業文化。我實在做不下去，於是有天走進執行長辦公室表達辭職之意，當天下班時間還沒到，我就被護送離開大樓。」辭職對她的事業跟財務都是很大的風險，但她知道，如果罔顧自己的價值觀，風險更大。

接下來約莫十二年的時間，她轉換過幾項職務，每次都看似有風險，但每一步都是根據她對生活和工作的明確願景所做的決定。

時間快轉到二〇〇六年，葛洛絲曼當上耐吉（Nike）的全球副總裁，旗下管理四十億美元的服飾業務。過去六年來，她在工作上交出亮麗的成績單，殊不知她當初就任時，業界人士預估她半年後就會賠錢，「那時我體認到，該是調整生活的時候了。我想減少到全球各地出差的時間，多花點心思陪女兒、先生跟父母親。但我不希望因此而放棄工作，事業上還是能有新的挑戰。」她怎麼辦到的？當然還是要用跌破大家眼鏡的方式！

正值職涯頂峰的時候，葛洛絲曼離開了耐吉，跨足完全沒有經驗的領域：管理媒體與電子商務公司，一路帶領公司做到上市。這家公司就是今天的HSN公司，旗下子公司包括：HSN、HSN.com、基石品牌（Cornerstone Brands），是業界最成功、最負聲望的公司之一。

要進步就得打破成規

「我離開耐吉的時候，大家對我的看法跟以前一樣，不是說我自毀前程，便說我瘋了，再不然就是自毀前程的瘋子。景氣冷颼颼的二〇〇八年，我們公司的股票大跌，甚至有一段時間，我也覺得那些人似乎說對了，」她苦笑說：「我晚上常常失眠，擔心包括員工和家人在內約六千人，他們的生計怎麼辦？我覺得我有責任。但我知道我們的行動是必要的，不只為了熬過景氣寒冬，也是為了讓公司更加茁壯。」

跟葛洛絲曼聊天，感受她的精力、熱情和智慧，自然明白她為什麼在每個職務都如此出色。直到她說「我知道我們的行動是必要的」，我才了解她為什麼甘願每次都冒極大風險去追求成功。

葛洛絲曼在做決定時，心裡有個清晰的終身願景，她不肯在個人的價值觀上讓步，也能隨時變通找到人生的平衡點。對她來說，不這麼做才是真正的大風險。

當初那些對她評論得頭頭是道的人，她現在回想起來，有什麼看法？她嘆了一口氣，說：「我學到一個道理，很多人看到別人勇於冒險，就會看壞他。我覺得這樣只會貶低自己的價值，所以我要求自己絕對不能看輕別人，我只賭誰會成功。

「而且，我會多跟有創意、有想法的人相處，他們才能散發正面的能量，願意全方位思考，懂得進步就要打破成規的道理。這些人都勇於想別人所不敢想，做別人所不敢做。沒有願景，沒有創意，不敢當聰明的冒險家，就無法開拓新局。」

13

化敗績為動力

別人眼中的失敗，在我看起來，卻是沒有成敗之分的事件，裡頭蘊藏深意，涵蓋許多新資訊、新契機，讓人可以針對某一項做法進行評估與調整。

幾年前，哈佛大學一群教職員與學生齊聚一堂，討論一個冷門的話題：拒絕和失敗。

座談會主題定為「被拒絕的藝術：失敗如何重新站起來」，主辦單位是這麼描述座談會緣起：

人生有時難免會被拒絕，應徵工作、申請入學、申請補助、試鏡，或是想出書、爭取人人稱羨的獎項等等，但結果就是不如人意。面臨情勢困頓或情緒低谷時，我們如何化渾沌為契機，化災難為頓悟，化失敗為財富，把檸檬榨成美味的檸檬汁？

座談會上，大家坦誠分享自己碰壁的故事，以及這些旁人眼中的失敗對日後的生活有何影響。大家針對自己學到的教訓，討論成功與失敗的定義。與會者包括律師、申請商學院的學生、科學家、數學家、小說家、珠寶商等等，彼此分享經驗。其中一位與談人是極負盛名的哈佛大學基因學教授裘契（George Church），史上第一個DNA自動序列軟體就是他研發的。他提到學生時期遇到幾個重大打擊，包括九年級時重讀一年，被杜克（Duke）大學博士班退學，最後進入哈佛重讀博士班。

失敗不見得是結束

為人風趣又有創意的統計學教授孟曉犁，也提供自己的經驗談，還提出一套搞笑的「碰壁統計學」邏輯。原來，許多人都被社會、家庭或自己的價值觀制約了，以為被拒絕和失敗，是因為人品不夠好或不夠努力。根據他的理論指出：「隨機選出一個人去追求值得爭取的事物，被拒絕的機率高於被錄取的機率。如果想在每件事都被錄取或成功，那麼機率會是零，」他說。

跟孟教授的結論一樣，這場座談會想要傳達的概念很簡單：每個人都免不了被拒絕或失敗，即便是創建豐功偉業的大人物也無法百戰百勝。另一個結論也很容易懂：失敗不見得就是結束。對許多與會者而言，碰壁和失敗反而是一大動力。套用霍華的經典用語，就是含有龐大潛在能量的負面轉折點。對某些人而言，碰壁與失敗的經驗則是一記當頭棒喝，逼他們了解有必要重新評估目標，檢視終身願景，再次衡量他們自身的競爭優勢。

成功的枷鎖

我跟霍華提到這場座談會時正值春天，我們坐在他辦公室外的廣場板凳，眼前綠油油的一片。「那個主題帶動了一些有趣的交流，」我說。

聽我這麼說，霍華點點頭又嘆了一口氣，「這類討論應該多多益善才對。過去幾十年來，有一個愈來愈明顯的現象：大家普遍誤以為成功幾乎不費吹灰之力就能到手，失敗就代表品行有瑕疵。」他說。

「你是說在這裡嗎？」我問。手朝陽光普照、氣溫涼爽的校園一比。

「當然是，」他說：「校園以外的世界也一樣，成功的枷鎖到處都有，不是哈佛的

> 失敗的經驗如一記當頭棒喝，
> 讓我們重新檢視終身願景，
> 再次衡量自身的競爭優勢。

專利。」

「這個說法真有趣，又多了一句霍華用語。你就為我這個康乃爾畢業的人，解釋什麼是『成功的枷鎖』，好嗎？」

他笑了出來，解釋說：「這個嘛……也算不上什麼霍華用語，它在不同場合已經出現少說十年以上了，用來形容企業高階主管只追逐短期獲利、不顧長期成長的傾向；也有創業家拿來形容為了跳過現今主流概念，著眼明日趨勢，尋找更新、更好經營方式的挑戰。

「枷鎖二字隱含了武斷、全面、壓迫性的掌控。我用『成功的枷鎖』來形容一種深層的社會制約：太多人都被社會氛圍給宰割了，以為成功代表一切，覺得要萬事皆備才算數，不成功就是一敗塗地，無可挽回。

「從這個角度來看，成功的枷鎖與名人文化脫不了關係，如果達不到百分之百、羨煞眾人的成功，前程等於是毀了，你變得無足輕重，也沒有人在乎。成功的枷鎖會如此沉重，部分源自大家習以為常的惰性思考：世界非黑即白，成功等於好，不成功等於不好，沒有中間的模糊地帶。這樣省事多了，畢竟處在模糊地帶比較辛苦。

「哲學家鄂蘭（Hannah Arendt）曾說：『在專制的枷鎖下，行動簡單思考難。』太多人被成功的枷鎖綁住，只會隨生活中的正面或負面事件起舞，不思考事件背後的意涵。天底下沒有純粹的成功，而純粹的失敗只有一種，那就是死亡。不過對相信死後有天堂或永生的人來說，可能連死都稱不上失敗！」

沒達到目標不等於失敗

我思考著這些沉重的話，提出一個自以為簡單的問題：「你是否有無法忘懷的重大挫敗？」

他想了一下，欲言又止，用帶著些許困惑的神情看著我。我從來沒遇過他答不出來的時候，即使更難的問題，也沒見過他這樣的反應。「我不知道怎麼回答，」他最後擠出話說：「我不會這樣看待人生。」

接著，他往椅背一靠，思考怎麼抽絲剝繭，挑出問題背後的假設，再針對這些假設來回答，「我回答不出來，是因為我深信人生要往前看。這其中有不同的含意，我試試看能不能解釋清楚。

「我比較想把心思花在自己有能力的事物上。過去發生的事，如果能讓我學到怎麼繼續往前進，才有用處。我這輩子沒有失敗到極點、完全無法從中學到新教訓的經驗，所以我不會把失望看成失敗，而是視為好壞參半的情況。有些是正面因素，有些是負面因素，有些因素則是屬於中性。

「這也可以說明『見林又見樹』的重要性，見林是要看到大局，見樹可以看到組成的要素。每一次經驗都能用正反面來看，別人眼中的失敗，在我看來卻是無所謂成敗的事件，裡頭蘊藏許多新資訊、新契機，讓人可以針對某一項做法進行評估與調整。

「你別誤會了，失意落魄的經驗，我沒少過。但我覺得那並不是失敗。我的第一次婚姻是失敗嗎？是不成功，但絕對不是失敗。別的先不管，那次婚姻起碼帶給我三個乖兒子，讓我能含飴弄孫。我在哈佛商學院的第一任教職是失敗嗎？是不成功，但也絕對稱不上失敗。我教得很好，做了一些很傑出的研究，為日後的成就打下根基。

「回答不出你的問題，最根本的原因是，對我來說，『沒達到目標』跟『失敗』完全是兩回事。我認為的失敗，是來自我不想達成我認為重要、又符合道德感的事；或是我不再做有助實現自我、完成終身願景的事，」他停下來，身體朝我傾過來，「你懂我的意思嗎？」

現在能做什麼，就做什麼

我點點頭，「我的朋友班納米亞（Francois Bennahmias）曾經說過：『既已努力過，哪算有失敗？』聽你這番話，你應該也同意囉？」

「我舉雙手贊成，」他回說，比起食指要我注意，「但有兩個前提，第一，你的努力是符合良心，並且是真正建立在你的價值觀上的。我的信念是，除了『死亡』之外，只有道德上的失敗無法挽回。如果因為明顯的道德瑕疵造成損害，就很難再挽救。這種失敗會一輩子陰魂不散，削弱你從其他失敗中復原的戰力。如果你是踩著別人往上爬，一不小心摔下來，不會有人伸出手拉你一把。

「另外一種情況是，你走投無路，覺得可以拋下道德標準，這也不對。以我個人經驗來看，這樣做只會把負面衝擊加倍，讓失敗的程度加劇。

「第二個前提是，不管理智上或情緒上，你所追求的目標是真正發自內心的。」他停下來，想到以前的一件事，「你還記得艾許（Arthur Ashe）嗎？他是相當優異的網球選手，第一位進入職業網壇的黑人球員。有人問他怎麼克服人生難關，他的回答很簡單：『現在在哪裡，就從那裡開始，現在有什麼，就用那些資源開始。現在能做什麼，就做什麼。』

「我也努力照這個觀念做，每一天客觀地看著心中的那幅自我形象，自問：『我今天該做什麼，才能朝這個願景往前走一、兩步？』坦白說，昨天的成敗都無所謂，重要的是我今天走到哪個地方，有什麼資源，又有什麼能力，可以繼續在人生道路上朝終身願景邁進。」

堅持做自己覺得對的事

我常常不經意想到那天的對談內容，跟別人談話時，也突然會冒出成功和失敗的話題。其中有三次印象特別深刻，這些朋友或同事的經驗截然不同，但同樣精采，值得跟各位分享。

第一位是李文，他跟霍華一樣見過大風大浪，見解精闢，也很有智慧。李文向來是美國飯店旅遊業的主要推手，數十年如一日。但他在業界的地位一直到最近才達到最高峰，這是因為跟他同年齡的人早就退休，享受成功的果實，他卻勇於接下這輩子數一數二的戰帖。

七十一歲的他，同意擔任拉斯維加斯金沙集團總裁，把這家全球著名的飯店賭場集團從破產邊緣救回來。不到三年的時間，他跟經營團隊在創辦人安道森（Sheldon Adelson）的支持下，成功讓公司轉虧為盈，各界譽為「史上規模最大、速度最快」的營運逆轉勝。

這項成就對於在飯店業打滾五十年、創下豐功偉業的李文來說，無疑是完美的一次勝仗，當我問他最珍惜哪些事業成就時，他卻沒提到金沙集團，「我最自豪的一件事是，我花了二十五年的時間，總算一夕成名。」某天午後，李文和我坐在他亞特蘭大家中的書房，開玩笑說：「過了那麼多年，我才真正做到重要位置，當上戴斯連鎖飯店（Days Inn）總裁。對了，那也是我們家第一次不用再靠月薪過活，想提前一個月付房貸也不成問題。

> 昨天的成敗都無所謂，
> 重要的是今天有什麼資源和能力，
> 可以繼續在人生道路上前進。

「我很自豪，是因為我體認到，自己適合慢慢往上爬，工作和生活都堅持做自己覺得對的事。慢慢爬，讓我有時間真正了解這一行，學習當個好的企業領導人。最重要的是，我也因此能專心扮演好丈夫跟爸爸的角色。」

成就自己，造就別人

從這個角度來看，也難怪李文的很多「成功」事蹟都跟頭銜、財富沒有關係。他對成功的定義是：成就自己，造就別人。

他解釋：「我希望人生走到盡頭時，能留下一點貢獻，幫助別人在事業上有重大成就。我最自豪的兩件事，都幫助到許多人。第一個是提供年長者工作機會，讓他們不覺得事業走到尾聲，看不見未來。這個活動事後還贏得亮點基金會（Thousand Points of Light Foundation）的大獎。」第二件事，他覺得事業上最大的成就，就是成立「亞裔美籍飯店業主協會」（Asian American Hotel Owners Association）。表面上，這似乎只是個官僚色彩濃厚的組織，實際上卻是撼動市場的一項成就。

「過去很多年，飯店產業對東亞裔和南亞裔人士有很深的歧視，他們想經營飯店卻得不到銀行貸款，也很少有飯店集團願意讓他們投資連鎖經營。就跟其他移民族群過去一百多年一樣，他們只想一圓美國夢，但障礙實在難以橫越。成立協會後，這些人可以合作共事，克服不公平的障礙，我等於是打通了成功的路徑，使這些創業家跟他們的好幾千名家人受益，」李文回憶道。

我跟李文談的是如何詮釋成功，跟NBC體育台新任董事長勒沙魯斯（Mark Lazarus）聊的重點，卻是失敗的意義。身為大企業領導人，勒沙魯斯為人謙虛有禮，毫不做作。他這個人很有意思，問他事業成功的幕後故事，他劈頭先講了自己高二被退學的經驗。

改變命運的電話

「我高中時幹了一些糊塗事，青少年嘛，血氣方剛，只是做得過火被退學，後來轉到另一所學校重讀。現在想起來，那次經驗反而是一個轉折點，為我日後三十年的人生與事業奠定了方向。我常想，如果當初沒有遭到退學的挫敗，我的事業就不會像現在這麼好玩，這麼有成就感。過去一年左右的時間，我特別能夠體會到這點，我犯過幾次最大的失敗，都間接促成了日後的成就，」他說。

在我們談話的幾年前，勒沙魯斯發生了一件事，讓他覺得自己的事業失敗透頂。在透納娛樂集團（Turner Entertainment Group）擔任六年執行長後（他在公司總共待十七年），勒沙魯斯突然跟其他資深主管一樣，丟了飯碗。集團為何會向管理層開刀，至今真相未明。相信上天自有安排的人會說，勒沙魯斯之所以被解雇，是為了接到那通改變命運的電話。

從透納集團離職後，勒沙魯斯在總公司位於亞特蘭大的ＣＳＥ行銷與製片公司待了幾年，之後又被掌舵ＮＢＣ體育台數十年、深具傳奇色彩的艾伯索（Dick Ebersol）延攬，領導ＮＢＣ新成立的體育頻道集團。上任短短幾個月，有一天，勒沙魯斯正在紐約上城開會，突然接到艾伯索的大老闆、ＮＢＣ環球影業集團（NBC Universal）執行長的電話。

「他問我人在哪裡，多快可以趕回曼哈頓，」勒沙魯斯回想起那段往事，說：「我問他發生什麼事了？」他回說：「艾伯索要退休了，今天即刻生效。由你來接他的工作。現在就趕快回來。」

他的生活從此天翻地覆。雖然前老闆是難以超越的傳奇人物，讓勒沙魯斯戰戰兢競，但他在臨危授命前八個月，成功推動體育頻道「對決」（Versus）與NBC體育台的合併事宜，並簽下六紙金額近一百五十億美元的賽事轉播權協議。團隊為第一份合約花了三週時間重新修改主要簡報，最後成功取得奧運轉播權。

從轉折中學到教訓

現在客觀回想起來，大家都認為：在高挑戰的情況下指揮調度，當然非他莫屬。但從很多方面來看，透納事件還是在勒沙魯斯心中留下了陰影，至今仍不斷思考它對生活、事業的影響，總覺得那是個失敗的經驗。但他從那個轉折學到教訓，讓他成為更好的經理人與領導人。

「我從透納事件最先學到的是，人性與人際關係的本質。我以前不懂，要判斷一個人，就要看他在朋友有難時的反應。願意向我伸出援手的人，我銘感五內，尤其是那些我原本不預期會為我加油打氣的人。我也因此對公司全體員工多了一份責任感，我把工作做好，他們才能衣食無虞，」他說。

第三個有關成敗的談話，對象是我的合夥人和好朋友奧斯丁（Ken Austin）。聰明又風趣的奧斯丁也是位創業老手，他在研究所時第一次創業，最近幾次出手成果尤其豐碩：二〇〇一年協助成立馬魁斯航空（Marquis Jet），在他主導下，巴菲特（Warren Buffett）持股的私人商務飛機公司奈特捷航空（Net Jets）併購了馬魁斯航空。二〇一〇年，他推出新款頂級龍舌蘭酒艾維恩（Avion），成為烈酒產業的新寵兒。聊著聊著，我開玩笑問說：「你應該連失敗的閒工夫都沒有吧？」奧斯丁的反應跟霍華如出一轍。

在兵敗如山倒前及時收手

他邊搖頭邊說：「我不吃失敗那一套，」趕忙加上一句：「我沒有自命清高的意思，我跟大家一樣也會有挫敗的時候，有些情形就是無法成功，但我還沒遇過失敗到不可收拾的情況。

「除此之外，我發現連最不成功的經驗，也能從中獲得實質、具體的收穫，像是知識、技能或人脈等，若能加以運用，便能為日後的成功做好準備。

「你別忘了，我從小就在學怎麼做生意，買了幾台剷雪機，社區剷雪服務就開張了。經年累月下來，這樣的經驗讓我觀察得更仔細，即使表面上看來很棒的商機，我

“

成敗的定義可以很兩極，
不要在定義上綑綁自己，
也不要被別人的定義局限住。

”

也能深入觀察，看出其中不成熟的構想及執行陷阱。

「拿運動來比喻，這些經驗幫我得以看到前後左右的陣勢，讓我能更早洞燭機先，預測出最後的比數。我沒有經歷過一般人所謂的失敗，很大的原因是，我能夠在尚未投入前，就看出事情可能行不通，及時住手，」他解釋。

「照你這麼說，你不只有辦法事先看出毛病，甚至願意坦誠自己的構想太薄弱了。然後信心滿滿地說：『不行，這條沒有結果的路不能走。』很多人之所以會失敗，就是因為他們走錯路後，沒有勇氣離開，」我說。

「是啊，或許可以說，我一直願意承認並接受小型而短期的挫敗，以避免兵敗如山倒。」

「所以廣義來說，你不擔心失敗，」我總結。

奧斯丁做了個鬼臉，回說：「其實我害怕得要命，特別是像推出龍舌蘭酒品牌艾維恩的成敗，會決定很多人的命運。我對員工、合夥人、投資人，還有家人，有很深的責任感，如果我失敗，大家會很失望，所以我當然害怕失敗，但我不會因此嚇得綁手綁腳。「害怕失敗對我是好處多於壞處，這件事能激勵我，讓我更有創意和能量，更願意客觀而誠實地分析事情，有問題立刻解決，絕不拖延等待。」

。。。

我跟霍華提到跟這三個人的對話：「跟他們談話最有趣的一點是，他們不以輸贏論成敗。即使失敗了，也能為日後的成功鋪路，三人的做法各有巧妙不同。」

霍華回說：「人們老愛把成功與失敗掛在嘴上，以為成敗的定義放諸人人皆準，這就錯了。成敗沒有標準，很大一部分原因是，我們對事情的期望會嚴重影響評估的結果。彌爾頓（John Milton）在《失樂園》（*Paradise Lost*）中寫道：『思想自有居所，地獄能成天堂，天堂亦能成地獄。』這句話講得真好，我們對成敗的觀感，以及成敗對生活會造成什麼衝擊，常因期望而異。

「除此之外，對成敗的定義也因個人實際情況不同而異，取決於周遭環境的條件。投資賺二％，你覺得算成功還是失敗？這要看市場走勢是上升還是下跌。你在進階課程得B⁻，初階課得A⁺，何者比較成功？鋼琴奏鳴曲練習了一年還無法精通，但其實你很忙，每週只能練習一小時，而且你很享受練琴過程的每一分每一秒，你還會覺得自己很失敗嗎？定義成敗，不能不看前因後果。

沒有絕對標準

「你拿什麼人來比較，也很有關係。我認識一個覺得自己很窮的人，他的財富『只有』比爾・蓋茲的一%，也就是說，他的身價有好幾百萬美元！」霍華拉高分貝說：「衡量成敗之所以複雜，還有一個原因是，成功與失敗常常是一體兩面，沒有失敗就很難定義成功，反之亦然。

「理論上，成敗的定義可以很兩極，不成功就是失敗，但在現實世界中，不見得全盤皆贏才叫成功，全盤皆輸才是失敗。由於種種令人混淆的因素，難怪就算不論成功或失敗，都有人能從中獲得激勵的力道，結果可能出現大翻盤。

「因此，儘管我們對成敗自有清楚的定義，卻常會妄下結論或隨波逐流，認為成功經驗或失敗經驗較能激勵人心。我覺得最重要的是，不要在定義上把自己綁死了，也不要被別人的定義局限住，」霍華總結道。

成敗由自己做主

「成敗的定義一定要由自己做主。」

各位如果從頭看這本書，就會很清楚霍華所說的「由自己做主」：別人定義的成功，並不是你的成功；如果你原本便不想做某件事，做不成功，也不能說是失敗。成敗的定義應該取決於你的終身願景，從戰略面衡量你為平衡各種關係所做的決定，以及選擇在哪方面投入時間、心力與情感。

這些衡量標準要符合你對自己的評估，包括專長、熱誠和競爭優勢等等，也要符合你選擇的方向，以及心中的期望。同時，應該定期測試這些定義與衡量標準，拿來跟你的榜樣、人生導師、個人專屬董事會的經驗與事蹟比較，他們的目標、事業發展以及觀點是不是跟你一致，或是能彌補你的不足。

值得注意的是，對霍華來說，成敗「由自己做主」既是現在式，也是未來式。你現在做到哪裡，明天、後天或下週走到哪一步，都可以為你定義成敗。生活不斷進展，有些目標達成後又增添新目標，成敗的定義也會隨之持續更動。因為生活各面向的價值比重會有變化，成敗的定義也要持續調整。

最後他建議，由自己定義成敗，最好問自己幾個重要問題：

- 為了成功，我必須投資什麼，放棄哪些機會？
- 我失敗純粹是因個人資源投入不足嗎？投資不夠是由於失算，還是潛意識就沒把心思放在這件事上？
- 我要達到怎樣的成就，包括：賺多少錢、爬到多高的地位、為社會做多少貢獻、追求多高深的學問，才會在人生志業中找到幸福感？

失敗種下成功的種子

二〇一一年八月，賈伯斯因病重從蘋果退居幕後時，《波士頓環球報》（*The Boston Globe*）刊出一篇名為〈屢敗屢戰〉（*Failing Forward*）的精采報導，開門見山寫道：「賈伯斯比任何人都深諳失敗之道……他一而再、再而三失敗，偶爾還敗得遍體鱗傷，推出的產品淪為市場毒藥，把公司帶進死胡同。」

文章指出，從賈伯斯的事業可以學到，「失敗是人生的家常良伴，贏家亦是如此。」從他的經歷也能看出，失敗常常種下成功的種子：因為麗莎電腦（Lisa）的慘敗，日後才催生出空前成功的麥金塔（Mac），進而帶動了桌上出版的風氣。賈伯斯的NeXT電腦雖在市場慘遭滑鐵盧，如今大受歡迎的Mac軟體卻是源自NeXT的作業系統；iPhone的概念也來自兼具播放音樂功能卻乏人問津的ROKR手機。

這篇文章的啟示，正是霍華一直想灌輸學生與家人的道理，對每個想創業或想具備創業思維的人，都是重要的一堂課：**失敗埋下成功的種子，成功也埋下失敗的種子**。

不考慮代價，將錯失成功

賈伯斯的經驗充分說明「失敗埋下成功的種子」的道理。我和霍華遇過不少「成功卻埋下失敗種子」的人，他們在某個領域或許叱吒風雲，卻在其他領域埋下不快樂與失敗的種子。

促使那些種子生根和成長的原因很多，有些人雖然顯赫，但對成功的本質與代價，並未充分了解。我朋友簡恩（Jan）就是一例。他是美國最大慈善團體的總裁，但很快就受不了隨時處在備戰狀態，每天都像生活在顯微鏡底下的工作壓力。

另一種人則是輕易地讓成功從指縫間消逝，以為成功俯拾可得，曾為歌手的商人伊茲勒（Jesse Itzler）便走過這段經歷。今天的伊茲勒是成功的創業家，他是噴射機租賃公司「馬魁斯飛機」的創辦人之一，並推出二〇一一年最吸睛的消費產品——席茲提神口含片（Sheets Energy Strips），職籃小皇帝詹姆斯（LeBron James）也是他的合夥人之一。

不前進就淘汰

伊茲勒其實是以饒舌歌手的身分出道，善用音樂創作和自我推銷的才華，大學一畢業就簽約出唱片。藝名為「傑西・傑米斯」（Jesse Jaymes）的他，推出首張專輯就廣受迴響，第一支單曲躍上告示牌前百大熱門金曲，並被納入二〇〇四年一部電影中，他的音樂影片也在MTV台播放。諷刺的是，最後這項事蹟，卻成了伊茲勒歌手生涯的滑鐵盧。

「我一向憑直覺做事，沒認真思考過我的目標，下一步該做什麼，」我們坐在他的辦公室裡，四周都是職籃球星詹姆斯跟史陶德邁爾（Amar'e Stoudamire）的人形立牌，他拿著提神口含片盒向我解釋：「登上ＭＴＶ台時，我覺得事業走到了高峰，可以停下腳步好好欣賞風景，可惜我停頓太久，音樂產業就淘汰我了。」

當然，伊茲勒沒過多久就轉戰另一條路，全力衝刺，此後便一帆風順。但ＭＴＶ事件對他仍是一個寶貴的教訓，「成功後要失敗其實很容易，」他笑說，為自己的饒舌生涯做了總結。

注意光芒背後的危機

在某個領域成功，可能掩蓋在其他領域悄悄醞釀的重大問題，甚至是失敗。「有些成功的光芒太刺眼，讓人看不到陰暗處的東西。最常聽到的例子是：某人事業成功，婚姻或親子關係卻亮起紅燈，」霍華說。這個現象會發生，有時是自己有問題，有時卻是別人造成的，以「保護」、「支持」、「不想讓人擔心」之名蒙蔽了視野。

霍華舉出一個經典故事，正足以說明這個現象如果大規模發生，會拖垮整個產業，「大約在七〇、八〇年代，底特律汽車大廠的主管享有座車每天進廠保養的福利，一有問題，技師立刻搞定，主管下班後就能高枕無憂地開車回家。這些汽車業大老的車子從來不會出問題，根本不知道消費者的車子會有什麼毛病，使消費者愈來愈不愛買美國車。」

不管你對成敗的定義為何，顯著的成功與重大的失敗都能成為有力的經驗。兩者各有各的轉折點，也都能從旁推你，讓你在不知不覺中偏離終身願景的路途。成功的力道有時把你帶往規劃之外的方向，例如：找到新工作，表現優異；晉升、加薪，工時延長；地位愈高，競爭愈激烈，你更努力維持成功不墜。就這樣，等你某天醒來，成功已將你推向工作狂的道路，說好要陪伴家人，但時間愈來愈少，並做出完全違背你本性的事。

從天鵝絨陷阱中回頭

從很多方面來看，這是凱斯特（詳見第五章）的經驗：對成功的追求變了質，所有的努力是為了成功，而不是追求人生意義，直到有一天，他不得不坐下來好好深呼吸，找回自己的方向。

同樣的道理，成功可能帶你誤入歧途，陷入霍華所謂「鋪上天鵝絨的窠臼」，「如果某件事是你擅長的，你覺得手到擒來，也有不錯的報酬，對你會形成一種持續做下去的誘惑，但其實你已經不再享受這個過程。

「一味往前衝的危險是，當你某天環顧四周，才發現自己已經陷在舒適、不見天日、缺乏新鮮空氣的窠臼，需要異於常人的力量才有辦法爬出去。我早年在哈佛商學院時，許多年長的同事基本上都是如此。現在很多上班族都會當心自己有這樣的情況。就業市場低迷，很多人覺得進退兩難，目前的工作雖穩定，甚至是高薪，但到頭來卻讓人沒有幸福感，」霍華回憶道。

弄清自己遭遇哪一種類型的失敗

當然，更常見的情況是，我們被失敗打倒，偏離了軌道。我們常常沒有認清背後的主因是，自己所分析出的失敗原因是錯的，學到的教訓也是錯的。霍華曾說：「歸根究柢，失敗只有三種類型：外在因素造成的失敗，我們的掌控有限；內在因素造成的失敗，我們的掌控度較高；還有一種是道德的失敗，雖然披上成功的外表，骨子裡其實不然。如果想有效管理失敗，第一個關鍵是先搞清楚這是屬於哪一種類型的失敗。「這需要客觀的分析、誠實的態度，與承認自己缺點的勇氣。另一方面，你要有足夠自信說：失敗確實不是我的錯，我無能為力，不應該因此就改變方向。」

我最近遇到資深的醫療業主管梅根（Meghan），她花了很多時間理解外在和內在失敗因素的差別。她從知名大學、研究所畢業，任職的保健機構也都是大廠，她的職位愈升愈高，這樣平步青雲二十年後，她突然被打入平地，不到五年，連續遭三家企業解雇。

轉行前先冷靜評估

客觀來看，我發現這根本是「天不時、地不利、人不和」的現象：第一次，她的老闆被解雇，部門改組；第二次，公司被收購，管理階層直接被裁員；第三次很像是第一次的變形，新老闆覺得梅根的專長不是他要的，想另尋人選。事業被三振出局，連梅根都不禁懷疑，莫非是自己個性不適合或專業能力不足。

她曾經一度考慮回學校讀書，日後轉行當物理治療師。轉換跑道之際，突然接到前同事的電話，希望借重她的專長擔任要職。經過這番峰迴路轉，她才學會用客觀的角度來看待自己的「失敗」。梅根很喜歡新工作，公司也相當穩定，為這個故事畫下完美的句點，雖然她曾經因為這件事非常煎熬。

如果霍華看到她那麼自貶身價，可能會對她說：「你丟掉的不是專長，而是你的冷靜。深呼吸、清清腦袋，不要懷疑自己的專業能力，你唯一需要改善的是評估雇主穩定性的能力。」

。。。

工作上，我有很多機會思考霍華所說的「成功的枷鎖」、失敗的本質，以及努力的重要性。我的工作地點位於「成功文化」的重鎮、曼哈頓的心臟地帶，客戶都是財務和專業上的頂尖人士，所以偶爾我也有計算成敗的壓力，把看似成功的業務成果歸一類，看似失敗的歸一類。

這麼做，心態和情緒容易出現偏頗，所以霍華的指點真的讓我獲益匪淺。出現明顯的「成功」與「失敗」時，我都會設法記取從他身上學到的心得，再決定如何反應。

詩人愛默生曾說過一句至理名言：「逆境有科學價值，好學者不會錯失良機。」對此，我的好友威爾森（Michelle Wilson）的看法雖稱不上科學，但同樣寶貴：「悲傷，會使人更加激賞喜悅的時刻。」因此，尚未成功前，我會努力當個好學的人，把吃苦當吃補；成功時，我會歡欣鼓舞。表面上看似「失敗」的結果，我會努力為自己、同事、朋友認清本質。

霍華讓我體認到，懂得質疑失敗與成功的本質，才能產生前進的動力。以霍華用語來說就是，「潛在能量」推動我朝理想的自我更邁進一步。因為他，我學到「屢敗屢戰」是正面行動，剛好可以平衡「沉溺於過往榮耀」的人性。

人生實踐家

羅培茲

偌大世間如舞台，
男女粉墨齊登場，
登台下台皆有時，
終其一生飾多角……。

這些經典詞句出自莎士比亞的劇作《皆大歡喜》。的確，生活中某些時候，我們總覺得自己像是舞台上的演員，演著別人為我們寫下的劇本，追求別人的目標，把別人對成敗的定義套在自己身上。

即便是劇作家，也覺得自己是跟著別人的劇本走，受別人對成功的定義所影響。

他們對這個現象的感受甚至比你我深刻，因為對他們來說，成敗常常真的就建立在別人的眼光上，自己的人生志業必須由別人評斷。跟劇作家朋友聊到成敗時，我學到一些有趣的觀點，對於我們這些不是從事創作的人很受用。

成功是把雙面刃

「對劇作家來說，成功的概念有時候混沌不清，很難界定。一來是有太多不可控制的因素，二來是身為藝術家，成功雖然有很多好處，壞處同樣不少，」羅培茲說。她是才華洋溢的作家，寫過《澤西的卡洛琳》（*Caroline in Jersey*）、《蓋瑞》（*Gary*），以及得過大獎的《桑妮雅的飛行》（*Sonia Flew*）等劇本，曾在美國各大劇院上演。

「首先，劇作家要願意放棄對呈現方式的掌控權，把劇本託付給導演、演員、場景與燈光師、服裝造型師，希望大家能把劇本精神發揮到極致。故事寫得好不好，最終還是要留給觀眾和劇評來決定。劇作家要學會在過程中信任別人，不然會瘋掉。」她解釋。

到目前為止，羅培茲的創作在許多人眼中都非常成功，她是甘迺迪中心（Kennedy

Center）夏洛特伍拉德大獎（Charlotte Woolard Award）首位得主，被視為美國劇院的新星；她也在衛斯理學院（Wellesley College）、波士頓大學、哈佛大學、日舞中心（Sundance Center）與紐約戲劇工作坊（New York Theatre Workshop）等機構授課或擔任客座作家。儘管如此，成功還是有其苦澀。

「成功有時是把雙刃劍。寫作過程需要達到一種弔詭的平衡，要全然的謙卑和絕對的自信，認為自己的構想價值連城。在創造角色時，既要讓角色自然呈現，又要有信心觀眾會認同。所以，我常常會對成敗感到焦慮，因為一旦成功，就容易失去必要的謙卑；一旦失敗，則會失去必要的自信，」羅培茲說。

我想到大師級劇作家威廉斯（Tennessee Williams）的觀察，對他而言，「成功和失敗都是一場災難。」

「有時我的感覺就是這麼悽慘。幸運的是，我開始寫劇本時，通常不去想故事會往哪個方向發展，因此不會在一起筆就給自己套上成功的枷鎖。寫作本身就是一種成功，這樣想就可以暫時避免焦慮失敗。」

熟悉羅培茲作品的人都知道，她不僅思考創作成敗的問題，還背負著歷史背景的擔子。她的雙親是古巴革命之下的難民，古巴人民和文化的困境一向深植在她心中。古巴革命後家人失散的椎心之痛，在她最著名的作品《桑妮雅的飛行》裡詮釋得恰到好處。她目前正在構思的新劇作《古巴現形記》（*Becoming Cuba*）則是探討十九世紀末古巴獨立後，自由帶來的挑戰和責任。

「我沒辦法在古巴捍衛至今受苦受難幾十年的文化與人民，推出劇作是我可以盡一己之力的方式。雖然有時候我不曉得光靠寫作的力量有多大，我有沒有幫上忙，畢竟，劇作家不像醫生可以直接伸出援手。這種心理交戰，我可能永遠也解不開，」她沉痛地說。

盡情釋放身體與心靈

儘管創作上影響成敗的因素有很多，羅培茲仍然訂出一個簡單、個人化的方式，隨時評估自己是否走對方向。她訴諸於身體的直覺，不取決於他人的詮釋，也把歷史重擔放下，「我覺得，成功說到底就是盡情釋放身體與心靈。單憑直覺就知道，你有沒有把天分發揮得淋漓盡致。就像跑步跑久了會產生快感，劇本味道對了，我也會有這種感覺。因為這股快感，你就有力量撐過許多變數，不必時時擔心會失敗。」

跟霍華提到我和羅培茲的談話，他讚許地點了點頭，說：「我很高興你有機會和她聊聊，我跟她雖然專業領域和個人背景不同，很多經驗都有互相呼應的地方。不管是劇作家、商人、護理師，還是系統分析師，成功和失敗都不是你一個人的因素，而是你與周遭世界互動之下的結果。」

「是成是敗取決於觀點和分析，就好比跳一支複雜的舞蹈，我們全力追求熱誠所在，然後退後一步評估結果與目標的差距，再踏出新的一步。而且，無論從事哪一種行業，成功雖然是許多要素相互作用的結果，但在對自己誠實與對自己有信心之間取得平衡，同樣不可或缺。」霍華總結道：「引用古羅馬哲學家皇帝奧里略（Marcus Aurelius）的話：第一，要保持無憂無慮的心靈；第二，要直視事物，看清它們的本質。」

14

人生但求漣漪

追求人生志業，
要濺出水花，
更要激起漣漪。

不久前有天晚上，我和太太珍妮佛坐在書房的沙發上，因為幾週前才剛搬新家，屋內還散落著幾個沒清完的箱子，但我們兩個人連簡單整理一下也提不起勁。

忙完一整天，剩下的體力都拿來跟小孩抗戰了。不是陪四歲的丹尼爾在屋裡你追我跑，想盡辦法讓他早點耗盡體力，快點準備睡覺，就是抱著七個月大的老二，從臥室到廚房走了一圈又一圈，又從廚房走到臥室幫他拍除打嗝。

此刻我們都累癱了，窩在一起享受片刻的寧靜，一點都不想動。珍妮佛的小說讀到最後幾頁，我則趁機把還沒處理完的電子郵件收尾。「霍華跟菲笛寫信來問候。他們很期待下週見到妳，」我說。霍華夫婦準備到紐約待幾天，我們計劃帶他們去吃飯，再一起去百老匯看戲。

霍華的禮物

珍妮佛聽到，微笑點點頭。過了一會兒她闔上書，轉過來一臉疑惑地看著我。

「我一直想問你，為什麼是《霍華的禮物》[*3]？」她說。

「什麼意思？你又不是不知道我正在寫書，」我回說。

「不是啦，我知道你為什麼要寫這本書。我的意思是，為什麼你叫它《霍華的禮物》？你從來沒提過。」她說。

她說得沒錯，書名我很早就選定了，這幾個月下來想必忘了跟她說。「唉呀，瞧我忘東忘西的。」我慚愧地搖搖頭。這當然是小事，但我很自責，因為她點出我一向擔憂的事：我的時間跟精力是否花在對的人事物上？她會提出這個問題，莫非是我太

*3 本書原文書名「Howard's Gift」直譯即為《霍華的禮物》。

專注在工作，加上寫書和搬新家，事情一大堆，我是不是虧待她了？

這時腦海中突然冒出一股微弱的聲音：「喂，你這傻瓜，難道霍華教你的全還給他了嗎？」頓時又傳來霍華嚴肅的男中音：「我們沒辦法在生活每個層面、每天都得到A。不要一直憂慮過去的事，要往前看。」我深深吸了一口氣，撇開心中那股遺憾的刺痛感，跟珍妮佛解釋：對我來說，這本書講的是給予和接受各式珍貴的禮物。

其中最大的禮物便是霍華收到的生命賜禮。二〇〇七年一月，他心臟病發那天，幸虧有人腦筋動得快，跑去取電擊器，還有人進行心肺復甦術，他才能夠活下來。這本書也可視為我對霍華致謝的禮物。菲笛看過草稿後說：「這本書太棒了，把霍華的信念詮釋得很到位，很適合我們家的孩子和孫子拜讀。」聽她這麼說，我的一切努力就值得了。

先思考，再行動

從另一個角度來看，霍華從父母、影響他思考模式的貴人身上也得到禮物，我們從他種種風範感受到：他的智慧、幽默、熱情、貼心；他對一個人的能力與動機有獨到見解；他問問題總是一針見血；還有他對個人與組織的策略願景。

最重要的，還是霍華給各位讀者的禮物，也是他一向帶給親友和同事的，我竭盡所能地在書中表達他的智慧結晶、顛覆直覺的創見和建立在幾十年經驗的實用建議。霍華的智慧彷彿催化劑，為我們帶來向上提升的力量，激勵我們行動，追求專屬於我們的目標：找到每個人獨一無二的願景，實現自我、達成人生目標。

若要把霍華的觀點詮釋得更完整，其實我應該說，他不只激勵我們起而行，還帶動我們養成一個持續思考、行動、學習，再行動的循環。霍華希望我們在日常生活的變動中懂得保持平衡，維持積極的態度，在追求人生志業的過程中獲得幸福感。

。。。

本書最後，我想再跟大家分享一句霍華的智慧之語：**追求人生志業，要濺出水花，更要激起漣漪**。

這句話是什麼意思？霍華的許多觀察都看似簡單明瞭，核心概念卻複雜許多，抽絲剝繭之後才一目瞭然。把石頭丟到水池，最先激盪出的是水花，隨後有一圈圈漣漪

水花與漣漪的交集，
激盪出人生的精采點滴，
最終使生活過得更有價值。

從中心點往四面八方擴散。許多人在做事業決定，或是投資時間和精力在生活其他層面的決定時，都把注意力集中在短期效果，也就是激起水花。霍華鼓勵大家把眼光放遠，設想漣漪會往哪裡擴散，範圍有多大，更要注意我們興起的漣漪跟別人的漣漪會產生什麼互動。

「不僅為水花，更要為漣漪預做準備」就是要明白，每個選擇、行動、事件都有短期和長期的影響，但沒有孰輕孰重的問題。水花的衝擊不管是好是壞，產生的力道都非常強大，後續的漣漪變得無足輕重；在有些情況下，漣漪的效應卻相當強烈且持久。霍華的建議是，要仔細評估這兩者對工作跟生活造成的影響，主動預估跟因應。

不管是漣漪還是水花，霍華的重點並不只在影響的時間先後，兩者間的互動關係也很重要。這是在提醒你我：雖然找到自己的終身願景、往前邁進很重要，現實生活中，一定脫離不了與家人、同事、朋友，以及各式貴人的依存關係。水花與漣漪的交集與重疊，激盪出人生的精采點滴。但人終歸是人，我們只能透過自己的眼睛和我們的需求與渴望來看世界，很容易忽略這些複雜而交互影響的人生百態。

這就是我們必須避免的隧道視野（tunnel vision）——只注意你想看的，完全看不見兩旁事物的現象。「不便、困難，甚至痛苦是一時的，水花與漣漪的交集最終會使我們的生活過得有價值。」霍華深信。

。。。

初夏的晚上，我到霍華位於麻州海岸的度假屋作客，我跟他到港口散步。我們都喜歡海，暖和的夕陽照映海面，波光粼粼，潮來潮往。海面有韻律地被打亂，不是帆船緩緩傳來的波浪，就是海鷗俯衝到海裡捕食。

霍華幾週前剛從哈佛退休，但聽他講接下來幾天的計畫跟會議，看得出他雖然退休，但完全沒有放慢腳步的打算。他那本關於籌資的書正在收尾，需要安排出版與發行事宜；有人要捐九位數的金額給哈佛的科學與工程學程，他需要主導協商過程；他依舊擔任出版社董事長，要審查哈佛商學院出版社的出版計畫；跟幾個之前的學生見面，聊他們在公司的策略決定有哪些優缺點；位於緬因州的住宅正在整修，也由他監督；還要忙好幾件事情，我也記不得了。

對一個剛退休的人來說，他的時間表很緊湊；但跟心臟病發前的四年半相比，現在的行程是小巫見大巫。對於一個很清楚自己想成為什麼樣的人、想往哪裡去，而且抱持「生活往前看」座右銘的人，這些不足為奇。

為自己掀起新漣漪

走著走著，我對他說：「看來，退休的大水花還沒有在你的生活掀起大漣漪。」霍華想了一下，回答說：「我猜，應該不會馬上看到漣漪。但隨著時間過去，漣漪的範圍可能會愈來愈廣，影響愈來愈大，」語畢，他望向被夕陽照得通紅的海面，緩緩露出尤達般的笑容，「過不了多久，哈佛商學院和公共電台的人就會開始問：『霍華．史帝文森是誰？印象有點模糊，他是不是那個……？』」

或許是我當時心有所感吧，又或許有點天真，但我就是覺得怎麼可能發生那種情況，便脫口而出：「少來，你對哈佛的貢獻那麼重大，該不會真的覺得他們會忘了你吧？你在那邊待了四十年，教過的學生成千上萬，還有以你命名的企管講座教授席位。」

霍華大笑一聲，把手搭在我肩上和藹地說：「艾瑞克，謝謝你為我仗義執言。我不是說大家一夕之間就會忘了我，但最終他們只會記得我是講座教授席位的那個名字。他們需要做決定或解決問題時，不會想到我。這沒什麼關係，因為我會往前看，為自己掀起新的漣漪。」

準備把書稿交給出版社時，我腦中又浮現那次的對話，突然發現可以拿來當作完美的句點。這句話涵蓋種種心得和層層含意，濃縮了霍華教我的人生道理，在此願與各位分享，請細細咀嚼或拆解琢磨：

人生，但求漣漪。

致謝

本書得以成形，實是跟眾人交流請益的結果，有些人的事蹟被我寫入書中，有些人則在我寫作過程中提供意見與回饋。由衷感謝眾人的鼓勵、指導與貢獻，包括：Megan Adams、Andreas Beroutsos、波夏（Mark Birtha）、艾瑞克．賓可（Eric Brinker）、Roxanne Cason、Colin Cowie、Jeff Diskin、David Ellwood、Rena Fonseca、Jan Freitag、Alan Fuerstman、Gary Garberg、Rob Goldstein、Henry Kesner、Kathy McCartney、Josh Macht、Josh Merrow、Michael O'Mahoney、Elaine Papoulias、Kevin Parke、Steve Reifenberg、Jan Rivkin、Arthur Rock、Henry Rosovsky、Adam Sandow、Tom Shapiro、Andy Sheldon、Prescott Stewart、Bonnie Subramanian、Ellen Sullivan、Bernie Steinberg、Jan Svendsen、Andrew Tisch、David Wan、Mike Wargotz，與Audrey Wong。

感謝本書中提及的賢達先進願意撥冗分享他們對人生的看法與甘苦談，包括：

寇普（Wendy Kopp）、拉古奈森（Arvind Raghunathan）、娑兒（Lori Schor）、歐布萊恩（Soledad O'Brien）、凱斯特（Carter Cast）、李爾波（Jeff Leopold）、匹特曼（Bob Pittman）、南西・賓可（Nancy Brinker）、雅蔻森（Rachel Jacobson）、班克斯（Carl Banks）、杭特（Emily Hunter）、葛洛絲曼（Mindy Grossman）、羅培茲（Melinda Lopez）、艾森曼（Tom Eisenmann）、漢波（Christian Hempell）、伊茲勒（Jesse Itzler）、李文（Mike Leven）、勒沙魯斯（Mark Lazarus）與奧斯丁（Ken Austin）。

感謝心思細膩、見解精闢的泰斯托爾（Joe Tessitore），他對本書的貢獻卓著，稱呼他為經紀人著實委屈他了；他是第一個對這個寫書計畫展現信心的人，打從一開始就為我們發聲，是朋友亦是嚮導。

聖馬丁出版公司（St. Martin's Press）團隊的熱心支持，我們銘感五內，團隊成員包括：Jeff Dodes、Laura Clark、Stephen Lee、Matt Baldacci、John Murphy、Lisa Senz，以及本書編輯 George Witte，他的才智與堅持為本書指點了方向。

感謝一路關心我們、幫助我們、為我們加油的人，因為你們，我們才能走到人生這個階段，寫下這本書。

艾瑞克・賽諾威的謝辭

開始寫這本書，是在大約六年前，霍華心臟病發作後幾天。差點就失去摯友的我感觸很深，恨不得能捕捉到他的人生見解與智慧。寫完這頁書稿即將交付出版社，我想起我跟霍華之間的情誼，也回憶我走過的路，還有那年與他第一次見面的寒冬早晨。我也想起無數的人生導師、學習榜樣、親朋好友，在我追求人生志業的路上，你們對我的意義難用筆墨形容。

人生導師的指導與啟發，讓我能朝終身願景邁進，包括：外祖父Daniel Davis，他的堅毅、誠實、幽默、熱情，為我們家奠定堅實的基礎，大兒子丹尼爾也以他的名字命名；感謝弗拉拉（Don Ferrara）與波特納（Danny Bottona）對我的信心，沒有他們，我就進不了康乃爾大學；康乃爾飯店管理學院的大家庭，尤其是畢夏普（Don Bishop）、狄魯斯（Jan deRoos）、戴夫（Chekitan Dev）、狄特曼（David Dittman）、恩茲（Cathy Enz）、蓋勒（Neal

Geller）、興金（Tim Hinkin）、培若狄（Giuseppe Pezzotti）、瑞德林（Michael Redlin）、史諾（Craig Snow）、崔西（Bruce Tracey），還有許多前任與現任的教職員；瑞斯（Bonnie Reiss）投入公益的使命感，激勵我就讀哈佛甘迺迪學院；格洛夫（Lawrence Groff）是我跟珍妮佛的心靈導師；史登麥茲（Sarina Steinmetz）是我們住在波士頓時的家人；戴維斯（Larry Davis）在我最需要時為我加油並提供意見，對我彌足珍貴；艾特曼（Jeff Altman）、鮑夫（Phil Baugh）、盧斯提格（Lenny Lustig）、皮茲卡（Al Pizzica）、史佛曼夫婦（Josh & Carin Silverman）在我陷入深淵時拉我一把；魏格納（Todd Wagner）對我教導良多，讓我得以進一步學習；李文是一位君子、教練和益友，讓我在十年難得一見的重大交易中學到經商與人生的功課；薩君特（Holly Taylor Sargent）是第一位讓我見識到哈佛發展辦公室（Harvard's Development Office）有很多機會的人，並將霍華介紹給我認識。

感謝普斯蒙特（Kirk Posmantur）深厚的友誼與關懷，他的商業頭腦只能用天才形容；沃荀茲（Mike Wargotz）的明智觀點、豐富經驗和持久情誼；Axcess Worldwide 直接幫助或分享觀點與經驗的同事，包括：Amanda Armstrong、Andrew Black、Andi Cross、Katelyn Delaney、Amanda Healy、Brian Holcomb、Bryan Johnson、Scott McCullers、

Brett Muney、Ilan Perline、Molly Malgieri Schiff、Donna Simonelli、Andrew Taylor、Taylor Yunker。特別感謝Jaclyn Tarica與Thomas Barguirdjian不論在清晨或深夜無私的幫忙；謝謝Alexandra Bastian的熱情與執著，在管理我的工作量時，還能兼顧幽默與優雅。

寫書期間，剛好碰到我人生中的一大轉折點：我和太太珍妮佛在莫利斯頓醫院住了提心吊膽的六十一天，直到老二麥克出生。這段期間每一分鐘都很難熬，在在考驗我們的耐心、信念與身心。

在此要感謝視病如親、醫術高超的霍夫（Russell Hoff）醫師和所有熱心的醫護人員，包括Roseanne、Olga、Shirley、Paulette與周產科醫師與新生兒科醫師，在我們全天候待命、想辦法正常過日子的時候，熱心照顧我們一家人，提供專業的醫療服務。這段期間，好友Michelle Wilson、Albert Pizzica與Meghan Pizzica、Josh Silverman與Carin Silverman、Phil Baugh與Becky Baugh、Christian、Morgan、Brooke Hempell；John Prior與Jen Prior、Jeanine Schoen、與珍妮佛的醫師妹妹梅里（Michelle Mele）都給我們寶貴的支持與關愛。

感謝兩個兒子丹尼爾和麥克讓我學會愛的真諦，明白愛無止境；我也感謝生命中的三位母親：妻子珍妮佛在那六十一天中化危機為奇蹟，我高中第一次見到她時，就深深愛上她；岳母梅爾（Pat Mele）在生活中展現的堅強與成就定義了何謂真正的成功；若沒有母親希諾薇（Madeline Sinoway）的犧牲奉獻和支持，就沒有我今天的成就。謝謝我們兩邊的家族，你們帶來的關懷與歡笑，珍妮佛、丹尼爾、麥克跟我都很感激。

最後要感謝本書合著者梅多（Merrill Meadow），除了文筆精采絕倫，你更是慈悲為懷、求知慾旺盛、沉著與慈愛的人。你是我的人生導師、學習榜樣，也是我專屬董事會的成員。能與你合著這本書，與你為友，我由衷感激。

梅瑞爾．梅多的謝辭

撰寫本書，讓我有機會對曾經參與我工作或生活上重大轉折的人，再次致上深深敬意，包括：Adam Freedman、Michelle Gorenberg、Barry Kramer、Lori Schor、Robin Hummel；Robert Turtil、Renae Klee和已故的Astere E. Claeyssens；Geoffrey M. Cohen與Deborah Mackey Cohen；Margot Walsh；Owen Edmonston、Russ Lavery、Patricia Baldridge；Michael O'Mahoney、Jeffrey Hauk、Bruce Flynn；Joanna Bakule、Sarah Branstrator、Geoffrey Movius、Lisa Schwarz；Sal Jones、Gary、Mollie Garberg、Tom Griffiths、Jane Trudeau。

特別感謝哈佛的朋友與同事一直以來的支持與鼓勵，尤其是我的同袍與寫作夥伴，包括：Neil Angis、Justin Call、Christine Frost、Henry Kesner、Joe Raposo、Frank White；UDO團隊成員，包括：Tamara Rogers、Bob Cashion、Mary Beth Pearlberg。

另外要感謝過去曾幫助我的人，包括：Charlotte Weiss、Jordan Choper、Eva Choper、Bobby Parker、Rona Parker、May H. Kalkstein。感謝來不及收到我謝意的 David Kalkstein、Estelle Meadow、Raphael Meadow、June Meadow。由衷感謝 Meadow、Brandenburg 與 Mintz 三大家族一直以來的支持，包括：Craig、Gale、Eliot、Stephanie、Wendy、Michael、Jaki 及所有姪子、姪女與外甥、外甥女。

我最要感謝的人是我那聰明、風趣又可愛的妻子雪兒（Cheryl），還有兩個小孩加比（Gabe）與柔伊（Zoe），他們每天都讓我覺得很驕傲。因為有你們，一切美好事物水到渠成。這本書獻給你們。

財經企管 BCB791

你想成為什麼樣的人？

哈佛管理大師的人生經營學

Howard's Gift: Uncommon Wisdom to Inspire Your Life's Work

原書名：做自己生命的主人（第一版）、查爾斯河畔的沉思（第二版）

作者 — 艾瑞克 ・ 賽諾威（Eric C. Sinoway）、梅瑞爾 ・ 梅多（Merrill Meadow）
譯者 — 連育德

總編輯 — 吳佩穎
書系副總監 — 蘇鵬元
責任編輯 — 鄭佳美、林妤庭、吳芳碩
美術設計 — 江孟達（特約）

出版者 — 遠見天下文化出版股份有限公司
創辦人 — 高希均、王力行
遠見・天下文化 事業群董事長 — 高希均
事業群發行人／ CEO — 王力行
天下文化社長 — 林天來
天下文化總經理 — 林芳燕
國際事務開發部兼版權中心總監 — 潘欣
法律顧問 — 理律法律事務所陳長文律師
著作權顧問 — 魏啟翔律師
社址 — 台北市 104 松江路 93 巷 1 號 2 樓
讀者服務專線 —（02）2662-0012　傳真 —（02）2662-0007；2662-0009
電子信箱 — cwpc@cwgv.com.tw
直接郵撥帳號 — 1326703-6 號　遠見天下文化出版股份有限公司

電腦排版 — 立全電腦印前排版有限公司
製版廠 — 東豪印刷事業有限公司
印刷廠 — 祥峰印刷事業有限公司
裝訂廠 — 聿成裝訂股份有限公司
登記證 — 局版台業字第 2517 號
總經銷 — 大和書報圖書股份有限公司　電話／ (02)8990-2588
出版日期 — 2013 年 12 月 24 日第一版第 1 次印行
2023 年 02 月 24 日第三版第 1 次印行
2023 年 05 月 12 日第三版第 2 次印行

國家圖書館出版品預行編目 (CIP) 資料

你想成為什麼樣的人？：哈佛管理大師的人生經營學 / 艾瑞克 . 賽諾威 (Eric C. Sinoway), 梅瑞爾 . 梅多 (Merrill Meadow) 作 ; 連育德譯 . -- 第三版 . -- 臺北市 : 遠見天下文化 , 2023.02
面；　公分 . -- (財經企管 ; BCB791)
譯自 : Howard's gift : uncommon wisdom to inspire your life's work
ISBN 978-626-355-093-3(平裝)

1. 企業管理 2. 企業策略

494.1　　112000562

定價 — 480 元
ISBN — 978-626-355-093-3 | ISBN —9786263550940(EPUB)；9786263550957 (PDF)
書號 — BCB791
天下文化官網 — bookzone.cwgv.com.tw